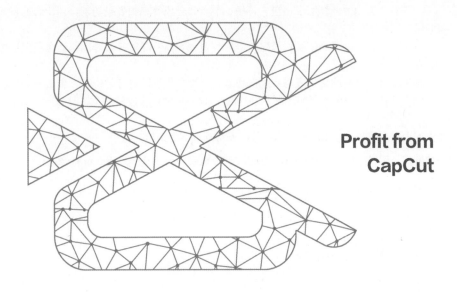

Profit from
CapCut

玩赚剪映

视频剪辑、特效与运营

易苗苗 —— 编著

清华大学出版社

北京

内 容 简 介

如何轻松剪辑视频、添加喜欢的音乐？如何添加想要的文字、精彩漂亮的转场？
如何快速找准自己的视频定位，制作出爆款视频，并运用多种方式进行变现赚钱？

本书通过三大内容板块进行专业讲解，帮助您快速玩赚剪映 App，从新手变成业内达人！

一是剪辑篇，主要介绍了视频的剪辑、音频和字幕的处理，帮助您轻松剪出视频大片！

二是特效篇，主要介绍了调色、转场、卡点和合成等视频效果的制作，让您的视频变得
更吸睛！

三是运营篇，主要介绍了账号定位、内容策划和商业变现等内容，帮助您获得更多的视
频收益！

本书适合广大视频拍摄者与后期制作者，特别是想进军抖音、快手、微信视频号、西瓜
视频和哔哩哔哩等平台的视频玩家，以及创业者、MCN 机构或相关企业人员。

图书在版编目(CIP)数据

玩赚剪映：视频剪辑、特效与运营 / 易苗苗编著 . —北京：清华大学出版社，2023.7
（新时代·营销新理念）
ISBN 978-7-302-60718-2

Ⅰ.①玩⋯ Ⅱ.①易⋯ Ⅲ.①视频编辑软件②网络营销 Ⅳ.① TN94 ② F713.365.2

中国版本图书馆 CIP 数据核字 (2022) 第 072909 号

责任编辑：刘 洋
封面设计：徐 超
版式设计：方加青
责任校对：王荣静
责任印制：丛怀宇

出版发行：清华大学出版社
　　　网　　　址：http://www.tup.com.cn，http://www.wqbook.com
　　　地　　　址：北京清华大学学研大厦 A 座　　　　　邮　　编：100084
　　　社 总 机：010-83470000　　　　　　　　　　　邮　　购：010-62786544
　　　投稿与读者服务：010-62776969，c-service@tup.tsinghua.edu.cn
　　　质 量 反 馈：010-62772015，zhiliang@tup.tsinghua.edu.cn
印 装 者：河北华商印刷有限公司
经　　销：全国新华书店
开　　本：170mm×240mm　　　印　　张：15.5　　　字　　数：253 千字
版　　次：2023 年 7 月第 1 版　　　印　　次：2023 年 7 月第 1 次印刷
定　　价：99.00 元

产品编号：093238-01

前言
PREFACE

剪映 App 近年来在手机剪辑软件排行榜中始终名列前茅，作为抖音旗下的一款全能好用的免费视频编辑工具，具有上手快、功能全的特点。因此本书在剪映 App 这款剪辑软件的基础上，用案例重点讲解剪辑技巧，帮助大家从零开始，逐步精通视频剪辑。

本书还详细讲解了视频运营技巧的精华，只要你认真研读，相信一定可以从这本书中得到你想要的信息和启发。读者朋友们，顺应时代趋势，利用好现有资源，将其转化为个人实现自我的基石，相信大家都能在这个信息时代找到新的致富路。

下面介绍一下这本书的大体内容。本书内容共分为三大板块：一是剪辑篇，主要介绍了视频的剪辑、音频和字幕的处理，帮助您轻松剪出视频大片！二是特效篇，主要介绍了调色、转场、卡点和合成等视频效果的制作，让您的视频变得更吸睛！三是运营篇，主要介绍了账号定位、内容策划和商业变现等内容，帮助您获得更多视频收益！

本书具有以下三大特色。

（1）内容详细，案例精讲：这是一本从视频剪辑、特效到运营都有所涉及的书。十大专题，内容全面；案例教学，简单易懂。本书还赠送 51 集同步教学视频，手机扫码即可查看！让你跟着教学视频边看边学！

（2）由浅入深，招招干货：本书从基础剪辑到特效技巧再到视频运营，层层递进，由浅入深。还精选了抖音中最火爆的案例，同时提供了最直接的各种视频运营技巧，招招干货，让读者轻松全面吸收。

（3）运营技巧，逐个点破：本书最后三章详细介绍了视频运营的账号定位、内容策划以及商业变现的方法，让视频运营实现效益最大化，帮助创作者们精准定位，高效产出，全面地掌握抖音、快手、微信视频号、西瓜视频和哔哩哔哩等平台视频运营的重点内容，快速入门视频运营，增强自身的变现能力。

本书提供全部案例的素材文件、效果文件，以及同步视频讲解；扫描右侧二维码即可获取"素材"文件。读者还可扫描书中各章对应的"案例效果""教学视频"二维码观看，便于学习和使用。

素材.zip

需要特别提醒的是，本书在编写时，是基于现有软件和各视频平台截取的实际操作图片，但编辑出版需要一段时间，在这段时间里，软件界面与功能会有调整与变化，比如，有的内容删除了，有的内容增加了，这是软件开发商进行的更新，读者在阅读时，可根据书中的思路，举一反三来学习。

本书由易苗苗编著，提供视频素材和拍摄帮助的人员还有邓陆英、向小红、苏苏、巧慧、向秋萍、黄建波以及王甜康等人，在此表示感谢。

由于作者知识水平有限，书中难免有错误和疏漏之处，恳请广大读者批评、指正。

编　者

目录
CONTENTS

运营篇

剪辑篇

/第/ 1 /章/

视频剪辑：新手轻松剪出大片

W 本章要点

　　本章是剪映 App 的入门内容，包含剪辑视频素材和输出设置视频两大板块，主要涉及分割删除素材、定格片段、倒放视频、智能抠像、旋转镜像、裁剪画面以及比例、背景和输出设置等内容。了解和学会这些操作，稳固好基础，读者在之后的视频处理过程中会更加得心应手，打开剪映之路的大门。

1.1 剪辑视频素材

剪辑视频素材是在剪映 App 中处理视频必不可少的操作，也是最基础的操作，主要有分割删除视频片段、定格片段、倒放视频、智能抠像、旋转镜像和裁剪画面等内容。

下面将主要用案例来介绍这些操作。

1.1.1 分割删除：剪辑多余视频片段

扫码看案例效果

扫码看教学视频

【效果展示】如果对视频中的部分片段不满意，可以通过分割删除来剪辑多余的视频片段。本案例分割删除的是一段画面静止的视频片段，剪辑之后的视频画面变得流畅了许多。效果如图 1-1 所示。

图 1-1

下面介绍在剪映 App 中分割删除片段的具体操作方法。

步骤 1 打开剪映 App，在主界面中点击"开始创作"按钮。如图 1-2 所示。

步骤 2 进入"照片视频"界面，❶选择需要剪辑的视频素材；❷点击"添加（1）"按钮。效果如图 1-3 所示。

图 1-2

图 1-3

步骤 3 执行操作后，即可将视频素材导入剪映中。如图 1-4 所示。

步骤 4 ❶拖曳时间轴至视频 1s 的位置；❷选中视频轨道；❸点击"分割"按钮。效果如图 1-5 所示。

图 1-4

图 1-5

步骤 5 ❶选中前半段素材；❷点击"删除"按钮。效果如图 1-6 所示。

步骤 6 完成剪辑操作。效果如图 1-7 所示。

图 1-6　　　　　　　　图 1-7

步骤 7 点击右上角的"导出"按钮，导出后播放视频，可以看到剪辑处理后的视频时长变短了，播放出来的画面也变流畅了。效果如图 1-8 所示。

图 1-8

1.1.2 定格画面：制作静态画面效果

扫码看案例效果

扫码看教学视频

【效果展示】定格功能可以定格视频中的画面，留下画面中最美的一帧，就如同拍照一般。效果如图 1-9 所示。

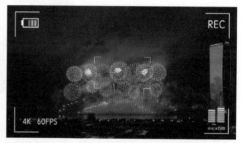

图 1-9

下面介绍在剪映 App 中定格画面的具体操作方法。

步骤 1 在剪映 App 中导入一段视频素材。效果如图 1-10 所示。

步骤 2 ❶拖曳时间轴至视频 2s 的位置；❷选中视频素材；❸点击"定格"按钮。效果如图 1-11 所示。

图 1-10   图 1-11

步骤3 拖曳定格素材右侧的边框，设置视频时长为 2.0s。如图 1-12 所示。

步骤4 ❶选中最后一段素材；❷点击"删除"按钮，删除多余的片段。效果如图 1-13 所示。

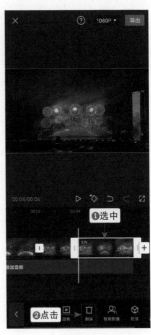

图 1-12　　　　　　　　图 1-13

步骤5 ❶拖曳时间轴至视频起始位置；❷点击"音频"按钮。效果如图 1-14 所示。

步骤6 添加合适的背景音乐后，点击"音效"按钮。如图 1-15 所示。

图 1-14　　　　　　　　图 1-15

步骤 7 ①切换至"机械"选项卡；②点击"拍照声 1"音效右侧的"使用"按钮。效果如图 1-16 所示。

步骤 8 调整"拍照声 1"音效的位置，使其处于两段视频素材之间的位置。如图 1-17 所示。

图 1-16 　　　　　　　　　　图 1-17

步骤 9 ①拖曳时间轴至视频起始位置；②点击"特效"按钮。效果如图 1-18 所示。

步骤 10 在弹出的面板中点击"画面特效"按钮。如图 1-19 所示。

图 1-18 　　　　　　　　　　图 1-19

步骤 11 ❶切换至"边框"选项卡；❷选择"录制边框"特效；❸点击 ✓ 按钮确认操作。效果如图 1-20 所示。

步骤 12 调整"录制边框"特效的时长，与视频轨道的时长对齐。如图 1-21 所示。

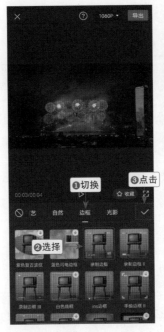

图 1-20　　　　　　　　　　　　图 1-21

步骤 13 点击"导出"按钮，导出后播放视频，可以看到视频中随着拍照声音效出现，画面定格了 2.0s。效果如图 1-22 所示。

图 1-22

1.1.3 倒放视频：制作车流倒放效果

扫码看案例效果

扫码看教学视频

【效果展示】在剪映 App 中运用倒放功能就能倒放视频，从而制作出不一样的视频效果，比如把车流倒放，就有一种时光倒流的效果，如图 1-23 所示。

图 1-23

下面介绍在剪映 App 中倒放视频的具体操作方法。

步骤 1 ❶在剪映 App 中选中导入的视频素材；❷点击"倒放"按钮。效果如图 1-24 所示。

步骤 2 在界面中弹出倒放进度框。如图 1-25 所示。

图 1-24　　　　　　　　图 1-25

步骤 3 倒放完成后回到主界面，点击"音频"按钮。如图 1-26 所示。

步骤 4 为视频添加合适的背景音乐。如图 1-27 所示。

图 1-26　　　　　　　　　　图 1-27

步骤 5 点击"导出"按钮，导出后播放视频，可以看到视频中的汽车行驶方向是倒着的，就仿佛时光倒流了一般。效果如图 1-28 所示。

图 1-28

1.1.4 智能抠像：更换人像画面背景

扫码看案例效果

扫码看教学视频

【效果展示】在剪映 App 中运用智能抠像功能就能抠出人像，还能更换人像的背景，让视频中的人物"想去哪里就去哪里"。效果如图 1-29 所示。

图 1-29

下面介绍在剪映 App 中更换人物背景的具体操作方法。

步骤 ① 在剪映 App 中导入两张背景照片素材，点击"画中画"按钮。如图 1-30 所示。

步骤 ② 点击"新增画中画"按钮。如图 1-31 所示。

图 1-30

图 1-31

步骤 3 ❶选择人物视频素材；❷点击"添加"按钮。效果如图 1-32 所示。

步骤 4 导入视频素材之后，点击"智能抠像"按钮。如图 1-33 所示。

图 1-32

图 1-33

步骤 5 界面中弹出抠像进度提示。如图 1-34 所示。

步骤 6 抠像完成后，调整画中画轨道中素材的大小和位置，最后调整视频轨道中素材的时长，与画中画轨道中素材的时长对齐。如图 1-35 所示。

图 1-34

图 1-35

步骤 7 ❶选择视频轨道中的第一段素材；❷点击"动画"按钮。效果如图 1-36 所示。

步骤 8 在弹出的面板中点击"组合动画"按钮。如图 1-37 所示。

图 1-36　　　　　　　　图 1-37

步骤 9 选择"荡秋千"动画。如图 1-38 所示。

步骤 10 ❶选择视频轨道中的第二段素材；❷选择"荡秋千Ⅱ"动画；❸点击✓按钮确认操作。如图 1-39 所示为静态的背景素材添加动画。

图 1-38　　　　　　　　图 1-39

步骤 11 ❶拖曳时间轴至视频起始位置；❷点击"音频"按钮。效果如图 1-40 所示。

步骤 12 为视频添加合适的背景音乐。如图 1-41 所示。

图 1-40　　　　　　　　　图 1-41

步骤 13 点击"导出"按钮，导出后播放视频，可以看到视频中的人物更换了两个背景，有种不出门就能环游世界的效果。如图 1-42 所示。

图 1-42

1.1.5 旋转镜像：校正视频画面角度

扫码看案例效果

扫码看教学视频

【效果展示】如果拍摄设备的位置不对，拍摄出来的视频可能角度不合适，在剪映App中利用旋转和镜像功能就能校正视频画面角度。效果如图1-43所示。

图 1-43

下面介绍在剪映App中校正视频角度的具体操作方法。

步骤 1 在剪映 App 中导入一段角度不对的视频素材。如图1-44所示。

步骤 2 ❶选中视频素材；❷点击"编辑"按钮。效果如图1-45所示。

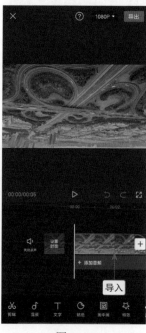

图 1-44

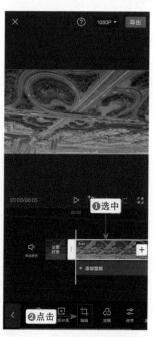

图 1-45

步骤3 连续两次点击
"旋转"按钮。如图1-46
所示。

步骤4 点击"镜像"按
钮，即可校正视频画面
角度。如图1-47所示。

图1-46   图1-47

步骤5 点击"导出"按
钮，导出后播放视频，
可以看到倒立的画面在
校正角度后变得好看
了。效果如图1-48所示。

图1-48

1.1.6　美颜美体：美化视频中的人像

扫码看案例效果　　　　扫码看教学视频

【效果展示】在剪映 App 中运用美颜美体功能就能美化视频中的人像，不仅能让视频中人物的皮肤变得光滑，还能增高、瘦身和塑型。效果如图1-49所示。

图 1-49

下面介绍在剪映 App 中美化人像的具体操作方法。

步骤 1 在剪映 App 中导入一段视频素材，❶拖曳时间轴至视频 1s 的位置；❷选中视频素材；❸点击"分割"按钮。如图 1-50 所示。

步骤 2 ❶选择分割出来的后半段素材；❷点击"美颜美体"按钮。如图 1-51 所示。

图 1-50　　　　　　　　图 1-51

步骤 3 ❶点击"美颜"选项卡；❷拖曳"磨皮"滑块至数值 100。如图 1-52 所示。让人像皮肤变光滑。

步骤 4 ❶点击"瘦脸"按钮；❷拖曳"瘦脸"滑块至数值 100。如图 1-53 所示。让人像的脸变小。

图 1-52　　　　　　　　图 1-53

步骤 5 ❶切换至"美体"选项卡；❷拖曳"瘦身"滑块至数值 100，如图 1-54 所示，给视频中的人像瘦身。

步骤 6 ❶点击"长腿"按钮；❷拖曳"长腿"滑块至数值 20。如图 1-55 所示，为人像略微增高。

图 1-54   图 1-55

步骤 7 ❶点击"瘦腰"按钮；❷拖曳"瘦腰"滑块至数值 100。如图 1-56 所示，缩小人像的腰围。

步骤 8 ❶点击"小头"按钮；❷拖曳"小头"滑块至数值 100，优化人像的头身比；❸点击 ✓ 按钮确认操作。效果如图 1-57 所示。

图 1-56   图 1-57

步骤 9 回到主界面，点击"特效"按钮。如图 1-58 所示。

步骤 10 在弹出的面板中点击"画面特效"按钮。如图 1-59 所示。

图 1-58

图 1-59

步骤 11 ❶切换至"基础"选项卡；❷选择"变清晰"特效；❸点击 ✓ 按钮确认操作。效果如图 1-60 所示。

步骤 12 拖曳时间轴至视频分割位置，点击"画面特效"按钮。效果如图 1-61 所示。

图 1-60

图 1-61

步骤 13 ❶切换至"氛围"选项卡；❷选择"星火炸开"特效；❸点击 ✔ 按钮确认操作。效果如图 1-62 所示。

步骤 14 调整视频轨道中第二段素材的时长，使其末端与"星火炸开"特效的末尾位置对齐。如图 1-63 所示。

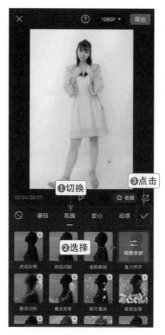

图 1-62 图 1-63

步骤 15 点击"导出"按钮，导出后播放视频，可以看到视频中的人像经过美颜美体处理之后变得更加漂亮和苗条了。效果如图 1-64 所示。

图 1-64

1.2 设置视频输出

　　视频剪辑完成后，根据视频要发布的平台对视频进行输出设置，比如设置视频比例，抖音等平台一般是竖版视频，西瓜视频则是横版视频。还有设置特色背景和导出设置，让你的视频画面有特色，画质变高清！

　　下面用案例来介绍这些操作。

1.2.1 设置比例：将横版视频变成竖版视频

扫码看案例效果

扫码看教学视频

　　【效果展示】抖音、快手等短视频平台发布的视频都是竖版，因此在剪映 App 中可以为横版视频设置比例，更改视频的比例样式，让视频适应平台特色，从而取得更好的传播效果。效果如图 1-65 所示。

图 1-65

　　下面介绍在剪映
App 中将横版视频变成
竖版视频的具体操作
方法。

步骤 1 在剪映 App 中导
入一段视频素材，点击
"比例"按钮。如图 1-66
所示。

步骤 2 在弹出的面板中
选择"9 ∶ 16"选项。
如图 1-67 所示。

图 1-66 　　　　　　　　　　图 1-67

步骤 3 点击"导出"按
钮，导出后播放视频，
可以看到横版视频变成
了竖版视频。如图 1-68
所示。

图 1-68

1.2.2 设置背景：为视频设置特色背景效果

扫码看案例效果

扫码看教学视频

【效果展示】在剪映 App 中有很多设置背景的方式，比如纯色背景、画布样式背景和画布模糊背景，有特色的背景能为视频增加亮点。效果如图 1-69 所示。

图 1-69

下面介绍在剪映
App中为视频设置特色
背景效果的具体操作
方法。

步骤 1 在剪映 App 中
打开上一例的效果。如
图 1-70 所示。

步骤 2 点击"背景"按
钮。如图 1-71 所示。

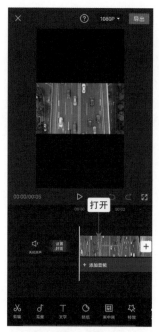

图 1-70

图 1-71

步骤 3 在弹出的面板中
点击"画布样式"按钮。
如图 1-72 所示。

步骤 4 选择一款自己喜
欢的画布样式。如图 1-73
所示。

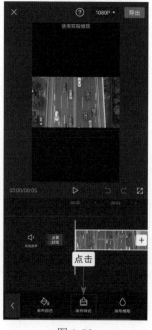

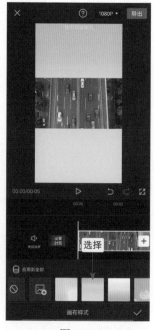

图 1-72

图 1-73

步骤5 点击"导出"按钮，导出后播放视频，添加特色背景之后，单调的黑色背景变成了彩色，视频画面变得更加吸睛，如图1-74所示。

图 1-74

1.2.3　输出设置：导出4K高品质的短视频

扫码看案例效果

扫码看教学视频

【效果展示】视频剪辑完成后，可以设置分辨率和帧率参数以提高视频画质，让播放速度更加流畅。效果如图 1-75 所示。

图 1-75

下面介绍在剪映App 中导出 4K 高品质视频的具体操作方法。

步骤 1 在剪映 App 中导入一段视频素材，点击"设置封面"按钮。如图 1-76 所示。

步骤 2 ❶在"视频帧"面板中向左滑动，选择自己喜欢的一帧画面作为封面；❷点击"保存"按钮。效果如图 1-77所示。

图 1-76　　　　　　　　图 1-77

步骤 3 点击右上角的 **1080P ▲** 按钮，弹出相应界面。如图 1-78 所示。

步骤 4 拖曳滑块，❶设置 "分辨率" 参数为 2K/ 4K；❷设置 "帧率" 参数为 60。效果如图 1-79 所示。

图 1-78　　　　　　图 1-79

步骤 5 点击 "导出" 按钮，导出后播放视频，可以看到视频画质变得高清，播放速度也变流畅了。效果如图 1-80 所示。

图 1-80

/第/ 2 /章/

音频处理：增强感染动人心弦

 本章要点

　　背景音乐是视频中不可或缺的元素，贴合视频的音乐能为视频增加记忆点和亮点。本章将主要介绍如何在剪映 App 中添加音频、添加音效、提取音乐、剪辑音频、设置变速和变调等内容。为视频添加各种好听的音乐，利用音乐为视频增色增彩，让你的视频更易传播和上热门。

2.1 添加背景音乐

在抖音中经常刷到很多背景音乐好听的视频，怎么把其他视频中的背景音乐添加到自己的视频中来呢？怎么添加自己喜欢的音乐呢？怎么添加收藏的音乐呢？学会下面这些操作内容，你将不再为这些问题烦恼。

下面用案例来介绍这些操作。

2.1.1 添加音频：给视频添加背景音乐

扫码看案例效果

扫码看教学视频

【效果展示】在剪映App的音乐素材中有很多背景音乐，你可以在音乐分区中找到心仪的音乐，也可以通过直接在搜索栏中搜索关键词来添加音乐，无论哪种方式，只要音乐好听，切合视频主题，就能为视频加分。效果如图2-1所示。

图 2-1

下面介绍在剪映App中给视频添加背景音乐的具体操作方法。

步骤 1 在剪映App中导入一段视频素材，点击"关闭原声" 🔊 按钮，为视频轨道中的素材设置静音效果。如图2-2所示。

步骤 2 点击"音频"按钮。如图2-3所示。

图 2-2

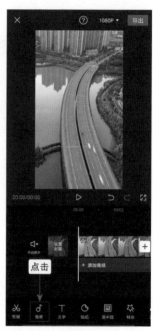

图 2-3

步骤 3 在弹出的面板中点击"音乐"按钮。如图2-4所示。

步骤 4 进入"添加音乐"界面，这里显示了音乐分区，选择"卡点"选项。如图2-5所示。

图 2-4

图 2-5

步骤 5 点击所选音乐右侧的"使用"按钮。如图 2-6 所示。

步骤 6 视频轨道下方显示一条音频轨道，即成功添加了背景音乐。如图 2-7 所示。

图 2-6　　　　　　　　　图 2-7

步骤 7 点击右上角的"导出"按钮，导出后播放视频。如图 2-8 所示。

图 2-8

2.1.2　添加音效：给视频添加场景音效

扫码看案例效果

扫码看教学视频

【效果展示】在剪映 App 中有很多音效素材，根据视频场景添加合适的音效，就能为视频添加背景音。效果如图 2-9 所示。

图 2-9

下面介绍在剪映 App 中给视频添加场景音效的具体操作方法。

步骤 1 在剪映 App 中导入一段视频素材，点击"音频"按钮。如图 2-10 所示。

步骤 2 在弹出的面板中点击"音效"按钮。如图 2-11 所示。

图 2-10

图 2-11

步骤3 ❶切换至 BGM
选项卡；❷点击"经
典游戏二胡版"音效右
侧的"使用"按钮。如
图 2-12 所示。

步骤4 操作完成后，即
可为视频成功添加场景
音效。如图 2-13 所示。

图 2-12　　　　　　　　　图 2-13

步骤5 点击右上角的
"导出"按钮，导出后播
放视频。如图 2-14 所示。

图 2-14

2.1.3 抖音收藏：使用抖音收藏的音乐

扫码看案例效果　　　扫码看教学视频

【效果展示】在抖音平台刷视频时遇到自己喜欢的音乐收藏起来，在剪映App 中登录同一个抖音账号，就可以使用抖音中收藏的音乐。效果如图 2-15 所示。

图 2-15

下面介绍在剪映App 中添加抖音收藏音乐的具体操作方法。

步骤1 在剪映 App 中导入一段视频素材，点击"音频"按钮。如图 2-16 所示。

步骤2 在弹出的面板中点击"抖音收藏"按钮。如图 2-17 所示。

图 2-16　　　　　图 2-17

步骤 3 点击所选音乐右侧的"使用"按钮。如图 2-18 所示。

步骤 4 操作完成后，即可为视频成功添加背景音乐。如图 2-19 所示。

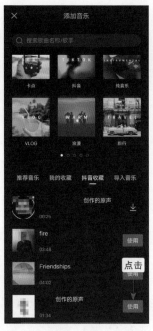

图 2-18　　　　　　图 2-19

步骤 5 点击右上角的"导出"按钮，导出后播放视频。如图 2-20 所示。

图 2-20

2.1.4 提取音乐：提取其他视频中的音乐

扫码看案例效果

扫码看教学视频

【效果展示】在剪映 App 中运用提取音乐功能就能使用其他视频中背景音乐，非常快捷和方便，只需要把其他视频下载到本地即可。效果如图 2-21 所示。

图 2-21

下面介绍在剪映 App 中提取音乐的具体操作方法。

步骤 1 在剪映 App 中导入一段视频素材，点击"音频"按钮。如图 2-22 所示。

步骤 2 在弹出的面板中点击"提取音乐"按钮。如图 2-23 所示。

图 2-22 　　　　　　　图 2-23

步骤 3 ❶选择要提取音乐的视频素材；❷点击"仅导入视频的声音"按钮。如图 2-24 所示。

步骤 4 操作完成后，即可为视频成功添加背景音乐。如图 2-25 所示。

图 2-24   图 2-25

步骤 5 点击右上角的"导出"按钮，导出后播放视频。如图 2-26 所示。

图 2-26

2.1.5 链接下载：下载热门BGM的链接

扫码看案例效果

扫码看教学视频

【效果展示】在抖音平台复制视频的链接，在剪映 App 中也能下载和添加该视频链接中的背景音乐。效果如图 2-27 所示。

图 2-27

下面介绍在剪映 App 中下载热门 BGM 的具体操作方法。

步骤 1 在剪映 App 中导入一段视频素材，点击"音频"按钮。如图 2-28 所示。

步骤 2 在弹出的面板中点击"音乐"按钮。如图 2-29 所示。

图 2-28　　　　　图 2-29

步骤 3 打开抖音 App 中的一段视频，点击分享按钮。如图 2-30 所示。

步骤 4 在弹出的面板中点击"复制链接"按钮，复制视频链接。如图 2-31 所示。

图 2-30

图 2-31

步骤 5 回到剪映 App，❶切换至"导入音乐"选项卡；❷粘贴链接至搜索栏；❸点击下载按钮下载音频；❹点击下载音频右侧的"使用"按钮。如图 2-32 所示。

步骤 6 操作完成后，即可为视频成功添加背景音乐。如图 2-33 所示。

图 2-32

图 2-33

步骤 7 点击右上角的"导出"按钮，导出后播放视频。如图 2-34 所示。

图 2-34

剪辑背景音乐

添加背景音乐之后，还需要对音频进行剪辑处理，把细节做好，才能让音频更加适配视频，让音频效果为视频服务。比如变声效果，可以改变原来的声线，隐藏身份，还有淡化和变速功能，都是必不可少的音频剪辑技巧。

下面用案例来介绍这些操作。

2.2.1 剪辑音频：对音频进行剪辑处理

扫码看案例效果

扫码看教学视频

【效果展示】在剪映 App 中可以根据歌曲名称或者歌手名字来搜索歌曲（须注意版权问题），添加音频之后进行剪辑处理，让音频时长和视频时长一样。效果如图 2-35 所示。

图 2-35

下面介绍在剪映 App 中对音频进行剪辑处理的具体操作方法。

步骤 1 在剪映 App 中导入一段视频素材，点击"音频"按钮。如图 2-36 所示。

步骤 2 在弹出的面板中点击"音乐"按钮。如图 2-37 所示。

图 2-36　　　　　图 2-37

步骤 3 ❶ 在搜索栏中输入歌曲名称；❷点击"搜索"按钮。如图 2-38 所示。

步骤 4 弹出相应的歌曲界面，点击所选歌曲右侧的"使用"按钮。如图 2-39 所示。

图 2-38   图 2-39

步骤 5 ❶拖曳时间轴至视频末尾位置；❷选中音频轨道；❸点击"分割"按钮。如图 2-40 所示。

步骤 6 ❶选择分割出来的多余音频；❷点击"删除"按钮，即可对音频进行剪辑处理。如图 2-41 所示。

图 2-40   图 2-41

步骤 7 点击右上角的"导出"按钮，导出后播放视频。如图 2-42 所示。

图 2-42

2.2.2 淡化处理：设置淡入淡出的效果

扫码看案例效果

扫码看教学视频

【效果展示】有些音频经过剪辑处理后可能开始和结束时的音量比较突兀，设置淡入和淡出的效果就能让音频过渡自然。如图 2-43 所示。

图 2-43

下面介绍在剪映 App 中设置淡入淡出效果的具体操作方法。

步骤 1 在剪映 App 中导入一段视频素材，点击"音频"按钮。如图 2-44 所示。

步骤 2 在弹出的面板中点击"音乐"按钮。如图 2-45 所示。

图 2-44

图 2-45

步骤 3 在弹出的界面中选择"抖音"选项。如图 2-46 所示。

步骤 4 点击所选音乐右侧的"使用"按钮。如图 2-47 所示。

图 2-46

图 2-47

步骤5 ❶拖曳时间轴至视频末尾位置；❷选中音频轨道；❸点击"分割"按钮。如图2-48所示。

步骤6 ❶选择分割出来的多余音频；❷点击"删除"按钮，即可对音频进行剪辑处理。如图2-49所示。

图2-48　　　　　图2-49

步骤7 ❶选中音频轨道；❷点击"淡化"按钮。如图2-50所示。

步骤8 在"淡化"界面中拖曳滑块，设置"淡入时长"和"淡出时长"为0.5s。如图2-51所示。

图2-50　　　　　图2-51

步骤 9 点击右上角的
"导出"按钮，导出后播
放视频。如图 2-52 所示。

图 2-52

2.2.3 变速处理：对音频进行变速处理

扫码看案例效果　　　　　扫码看教学视频

【效果展示】在剪映 App 中可以对音频素材进行变速处理，把音频速度
放慢或者放快，达到理想的音频效果。如图 2-53 所示。

图 2-53

下面介绍在剪映
App中对音频进行变速
处理的具体操作方法。

步骤1 在剪映App中导
入一段视频素材，点击
"音频"按钮。如图2-54
所示。

步骤2 在弹出的面板中
点击"音效"按钮。如
图2-55所示。

图 2-54

图 2-55

步骤3 ❶切换至"科幻"
选项卡；❷点击"机器
人1"音效右侧的"使用"
按钮。如图2-56所示。

步骤4 ❶选择音效素
材；❷点击"变速"按钮。
如图2-57所示。

图 2-56

图 2-57

步骤 5 拖曳滑块，设置变速参数为 1.5x，把音频播放速度加快。如图 2-58 所示。

步骤 6 调整音效素材的时长，与视频素材的时长对齐。如图 2-59 所示。

图 2-58   图 2-59

步骤 7 点击右上角的"导出"按钮，导出后播放视频。如图 2-60 所示。

图 2-60

2.2.4　变声效果：对音频进行变声处理

扫码看案例效果

扫码看教学视频

【效果展示】在剪映 App 中可以对录制的音频进行变声处理，隐藏原声，而且饶有趣味。效果如图 2-61 所示。

图 2-61

下面介绍在剪映 App 中对音频进行变声处理的具体操作方法。

步骤 1 在剪映 App 中导入一段视频素材，点击"音频"按钮。如图 2-62 所示。

步骤 2 在弹出的面板中点击"录音"按钮。如图 2-63 所示。

图 2-62　　　　　　　图 2-63

步骤 3 ❶长按"按住录音"按钮进行录音；❷录音完成后点击✅按钮。如图 2-64 所示。

步骤 4 ❶选择"录音 1"音频素材；❷点击"变声"按钮。如图 2-65 所示。

图 2-64

图 2-65

步骤 5 ❶在"变声"面板中选择"男生"选项；❷点击✅按钮。如图 2-66 所示。

步骤 6 调整视频素材的时长，使其末端与音频素材的末尾位置对齐。如图 2-67 所示。

图 2-66

图 2-67

步骤7 点击右上角的"导出"按钮，导出后播放视频。如图2-68所示。

图 2-68

2.2.5　设置音量：为音频设置音量大小

扫码看案例效果　　　　　扫码看教学视频

【效果展示】如果添加的音频音量太大或者太小，可以运用设置音量功能调整音量大小。效果如图2-69所示。

图 2-69

下面介绍在剪映 App 中为音频设置音量大小的具体操作方法。

步骤 1 在剪映 App 中导入一段视频素材，❶点击"关闭原声"按钮 🔇；❷点击"音频"按钮。如图 2-70 所示。

步骤 2 在弹出的面板中点击"音效"按钮。如图 2-71 所示。

图 2-70

图 2-71

步骤 3 ❶切换至"动物"选项卡；❷点击"Birds chirping"音效右侧的"使用"按钮。如图 2-72 所示。

步骤 4 ❶选择音效素材；❷点击"音量"按钮。如图 2-73 所示。

图 2-72

图 2-73

步骤 5 ❶拖曳滑块，设置音量大小为241；❷点击 按钮。如图2-74所示。

步骤 6 调整音效素材的时长，使其末端对齐视频素材的末尾位置。如图2-75所示。

图 2-74　　　　　　　　图 2-75

步骤 7 点击右上角的"导出"按钮，导出后播放视频。如图2-76所示。

图 2-76

湘江之美

/ 第 / 3 / 章 /

制作字幕：省时省力专业有范

 本章要点

　　文字是在视频中传递信息不可或缺的元素，好的文字效果能够吸引流量，提升视频的质量。在剪映 App 中有许多文字素材，为用户制作文字效果提供了便利。本章主要介绍如何在剪映 App 中添加文字、花字、气泡、字幕，设置动画和制作文字效果等内容，让大家在制作字幕时更加省时省力、专业和有范。

3.1　给视频添加文字

在剪映 App 中给视频添加文字有很多种方式，而且其文字样式丰富多样，可以满足各种视频的文字需求。剪映 App 还有识别字幕和识别歌词功能，不仅能一键识别视频中的字幕，还能把歌词内容转变成文字，非常省时省力。

下面用案例来介绍这些操作。

3.1.1　添加文字：在视频中添加文字内容

扫码看案例效果

扫码看教学视频

【效果展示】在剪映 App 中给视频添加文字非常方便，除了原创的文字，还有文字模板可以选择，只需要更改文字内容就能轻松添加，免去了排版和制作效果的烦恼。效果如图 3-1 所示。

图 3-1

下面介绍在剪映App中给视频添加文字内容的具体操作方法。

步骤1 在剪映App中导入一段视频素材，点击"文字"按钮。如图 3-2 所示。

步骤2 在弹出的面板中点击"新建文本"按钮。如图 3-3 所示。

图 3-2

图 3-3

步骤3 ❶输入文字内容；❷点击∨按钮。如图 3-4 所示。

步骤4 ❶选择喜欢的字体；❷切换至"排列"选项卡；❸选择第四个样式；❹调整文字的大小和位置；❺点击✓按钮。如图 3-5 所示。

图 3-4

图 3-5

步骤 5 点击 《 按钮回到上一级菜单。如图 3-6 所示。

步骤 6 在其中点击"文字模板"按钮。如图 3-7 所示。

图 3-6　　　　　　　　　　图 3-7

步骤 7 ❶切换至"时间"选项卡；❷选择一款文字模板。如图 3-8 所示。

步骤 8 ❶双击文字并更改文字内容；❷点击 ✓ 按钮确认操作。如图 3-9 所示。

图 3-8　　　　　　　　　　图 3-9

步骤 9 调整两段文字素材的时长，使其开端与视频素材 1s 位置对齐，末端与视频素材末尾位置对齐。如图 3-10 所示。

步骤 10 回到主界面，点击"特效"按钮。如图 3-11 所示。

图 3-10

图 3-11

步骤 11 在弹出的面板中点击"画面特效"按钮。如图 3-12 所示。

步骤 12 ❶切换至"基础"选项卡；❷选择"开幕 Ⅱ"特效。如图 3-13 所示。

图 3-12

图 3-13

步骤 13 点击右上角的"导出"按钮，导出后播放视频。如图 3-14 所示。

图 3-14

3.1.2 添加花字：在视频中添加花字效果

扫码看案例效果

扫码看教学视频

【效果展示】在剪映 App 中可以给视频添加花字效果，让文字更加显眼有特色。效果如图 3-15 所示。

图 3-15

下面介绍在剪映App 中给视频添加花字效果的具体操作方法。

步骤 1 在剪映 App 中导入一段视频素材，点击"文字"按钮。如图 3-16 所示。

步骤 2 在弹出的面板中点击"新建文本"按钮。如图 3-17 所示。

图 3-16

图 3-17

步骤 3 ❶切换至"花字"选项卡；❷选择一款花字样式；❸输入文字内容；❹调整文字的位置；❺点击✔按钮确认操作。如图 3-18 所示。

步骤 4 调整文字素材的时长，使其与视频素材的时长对齐。如图 3-19 所示。

图 3-18

图 3-19

步骤 5 点击右上角的
"导出"按钮，导出后播
放视频。如图3-20所示。

图 3-20

3.1.3 添加气泡：在视频中添加气泡文字

扫码看案例效果

扫码看教学视频

【效果展示】在剪映App中可以给视频添加气泡文字，而且素材非常丰富，
添加气泡之后只需要输入适合的文字即可。效果如图3-21所示。

图 3-21

下面介绍在剪映
App 中给视频添加气泡
文字的具体操作方法。

步骤 1 在剪映 App 中导
入一段视频素材,点击
"文字"按钮。如图 3-22
所示。

步骤 2 在弹出的面板中
点击"新建文本"按钮。
如图 3-23 所示。

图 3-22

图 3-23

步骤 3 ❶切换至"气泡"
选项卡;❷选择一款气
泡样式;❸输入文字内
容;❹点击✔按钮确认
操作。如图 3-24 所示。

步骤 4 调整文字素材的
时长,使其与视频素材
的时长对齐。如图 3-25
所示。

图 3-24

图 3-25

步骤 5 点击右上角的
"导出"按钮，导出后播
放视频。如图3-26所示。

图 3-26

3.1.4　识别字幕：一键识别视频中的字幕

扫码看案例效果　　　　　　扫码看教学视频

　【效果展示】在剪映 App 中添加有声音的视频之后，可以用识别字幕功
能添加字幕，免去打字的步骤，非常方便。效果如图3-27所示。

图 3-27

下面介绍在剪映App中一键识别视频字幕的具体操作方法。

步骤 1 在剪映 App 中导入一段视频素材，点击"文字"按钮。如图 3-28 所示。

步骤 2 ❶点击"识别字幕"按钮；❷在弹出的文本框中点击"开始识别"按钮。如图 3-29 所示。

图 3-28

图 3-29

步骤 3 识别成功后，文字轨道生成两段文字素材，点击"批量编辑"按钮。如图 3-30 所示。

步骤 4 选择"勇敢牛牛"文字。如图 3-31 所示。

图 3-30

图 3-31

步骤5 ①选择合适的字体；②切换至"排列"选项卡；③拖曳滑块，设置"字间距"为5；④点击✓按钮确认操作。如图 3-32 所示。

步骤6 调整第二段文字素材的时长，使其末端与视频素材的末尾位置对齐。如图 3-33 所示。

图 3-32

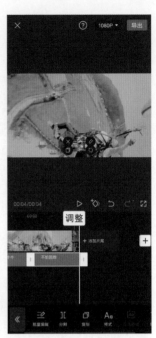

图 3-33

步骤7 点击右上角的"导出"按钮，导出后播放视频。如图 3-34 所示。

图 3-34

3.1.5 识别歌词：快速识别音频中的歌词

扫码看案例效果

扫码看教学视频

【效果展示】在剪映 App 中运用识别歌词功能可以识别背景音乐中的歌词，自动生成字幕。效果如图 3-35 所示。

图 3-35

下面介绍在剪映 App 中快速识别音频歌词的具体操作方法。

步骤 1 在剪映 App 中导入一段视频素材，点击"文字"按钮。如图 3-36 所示。

步骤 2 ❶点击"识别歌词"按钮；❷在弹出的文本框中点击"开始识别"按钮。如图 3-37 所示。

图 3-36

图 3-37

步骤 3 识别成功后，文字轨道生成两段文字素材，点击"批量编辑"按钮。如图 3-38 所示。

步骤 4 选择"想陪你翻山越岭"文字。如图 3-39 所示。

| 图 3-38 | 图 3-39 |

步骤 5 ①选择合适的字体；②选择喜欢的文字颜色；③调整文字的大小；④点击 按钮确认操作。如图 3-40 所示。

步骤 6 调整两段文字素材的时长，使其与相应视频素材的时长对齐。如图 3-41 所示。

| 图 3-40 | 图 3-41 |

步骤 7 点击右上角的
"导出"按钮,导出后播
放视频。如图 3-42 所示。

图 3-42

3.2 编辑视频中的字幕

　　添加文字之后,可以为文字设置字体和颜色,还可以设置排版样式,之
后就可以添加文字动画,让文字动起来。在剪映 App 中除了添加文字,还可
以运用文本朗读功能,将文字转为语音,还可以添加有趣的贴纸为视频增加
亮点,当然还可以制作各种有创意的文字效果,为视频增添更多精彩内容。
　　下面用案例来介绍这些操作。

3.2.1 设置动画:设置视频中的文字动画

扫码看案例效果

扫码看教学视频

【效果展示】在剪映 App 中文字动画有入场动画、出场动画和循环动画，设置合适的动画能让文字动起来。效果如图 3-43 所示。

图 3-43

下面介绍在剪映 App 中设置文字动画的具体操作方法。

步骤 1 在剪映 App 中导入一段视频素材，点击"文字"按钮。如图 3-44 所示。

步骤 2 在弹出的面板中点击"新建文本"按钮。如图 3-45 所示。

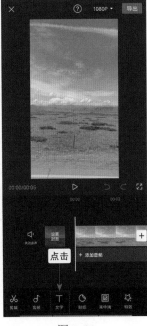

图 3-44

图 3-45

步骤3 输入四段文字内容，调整其时长对齐视频素材的时长，并大致调整四段文字的大小和位置。如图3-46所示。

步骤4 选择"旅行"和"在路上"文字素材，选择合适的字体，并设置"字间距"为6。如图3-47所示。

图 3-46

图 3-47

步骤5 选择"Travel"文字素材，❶选择合适的字体；❷设置"字间距"为5。如图3-48所示。

步骤6 选择第二段英文文字素材，❶选择合适的字体；❷设置"字间距"为2。如图3-49所示。

图 3-48

图 3-49

步骤 7 ❶切换至"动画"选项卡；❷选择"打字机Ⅱ"入场动画；❸设置动画时长为 1.5s；❹点击✓按钮。如图 3-50 所示。

步骤 8 ❶选择"Travel"文字素材；❷点击"样式"按钮。如图 3-51 所示，用与上个步骤同样的方法，为文字设置同样的动画效果。

图 3-50

图 3-51

步骤 9 ❶选择"旅行"文字素材；❷点击"样式"按钮。如图 3-52 所示。

步骤 10 ❶切换至"动画"选项卡；❷选择"向右滑动"入场动画；❸设置动画时长为 1.5s；❹点击✓按钮。如图 3-53 所示。

图 3-52

图 3-53

步骤 11 ❶选择"在路上"文字素材；❷点击"样式"按钮。如图 3-54 所示。

步骤 12 ❶切换至"动画"选项卡；❷选择"向左滑动"入场动画；❸设置动画时长为 1.5s；❹点击✓按钮。如图 3-55 所示。

图 3-54

图 3-55

步骤 13 调整两段英文文字素材的时长，使其开端在视频 1s 左右的位置。如图 3-56 所示。

步骤 14 回到主界面，点击"音频"按钮。如图 3-57 所示。

图 3-56

图 3-57

步骤 15 在弹出的面板中点击"音效"按钮。如图 3-58 所示。

步骤 16 ❶切换至"机械"选项卡；❷点击"打字声"音效右侧的"使用"按钮。如图 3-59 所示。

图 3-58　　　　　　　　　图 3-59

步骤 17 点击右上角的"导出"按钮，导出后播放视频。如图 3-60 所示。

图 3-60

3.2.2　文本朗读：自动朗读将文字转为语音

扫码看案例效果

扫码看教学视频

【效果展示】在剪映 App 中运用文本朗读功能可以把视频中的文字转为语音，还可以设置音色效果，非常有趣。效果如图 3-61 所示。

图 3-61

下面介绍在剪映 App 中用自动朗读将文字转为语音的具体操作方法。

步骤 1 在剪映 App 中导入一段视频素材，点击"文字"按钮。如图 3-62 所示。

步骤 2 在弹出的面板中点击"新建文本"按钮。如图 3-63 所示。

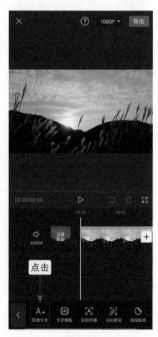

图 3-62　　　　　　　图 3-63

步骤 3 ❶输入文字内容；❷选择合适的字体；❸选择喜欢的文字颜色；❹点击✓按钮。如图 3-64 所示。

步骤 4 点击"文本朗读"按钮。如图 3-65 所示。

图 3-64

图 3-65

步骤 5 ❶在"音色选择"面板中选择"动漫海绵"选项；❷点击✓按钮。如图 3-66 所示。

步骤 6 回到主界面，点击"音频"按钮。如图 3-67所示。

图 3-66

图 3-67

步骤7 执行操作后，就可看到一条识别出来的音频素材。如图3-68所示。

步骤8 最后根据音频素材的时长，略微调整文字素材的时长。如图3-69所示。

图 3-68   图 3-69

步骤9 点击右上角的"导出"按钮，导出后播放视频。如图3-70所示。

图 3-70

3.2.3　添加贴纸：添加精彩有趣的贴纸效果

扫码看案例效果　　　　　　　扫码看教学视频

【效果展示】在剪映 App 中有很多精彩有趣的贴纸，添加合适的贴纸能为视频增加趣味。效果如图 3-71 所示。

图 3-71

下面介绍在剪映 App 中添加贴纸的具体操作方法。

步骤1 在剪映 App 中导入一段视频素材，点击"贴纸"按钮。如图 3-72 所示。

步骤2 弹出"热门"贴纸选项卡，所列选项都是最近的热门贴纸，点击▣按钮就能添加相册中的照片作为贴纸。如图 3-73 所示。

图 3-72　　　　　　　　图 3-73

步骤③ ❶切换至"旅行"选项卡；❷选择一款喜欢的贴纸；❸点击✓按钮。如图 3-74 所示。

步骤④ ❶拖曳时间轴至视频 3s 位置；❷点击"添加贴纸"按钮。如图 3-75 所示。

图 3-74

图 3-75

步骤⑤ ❶在"旅行"选项卡中选择第二款贴纸；❷点击✓按钮。如图 3-76 所示。

步骤⑥ 调整第二个贴纸素材的时长，使其末端与视频素材的末尾位置对齐。如图 3-77 所示。

图 3-76

图 3-77

步骤 7 点击右上角的
"导出"按钮，导出后
播放视频。如图3-78所示。

图 3-78

3.2.4　文字消散：制作浪漫的文字消散效果

扫码看案例效果

扫码看教学视频

【效果展示】在剪映 App 中添加消散粒子素材就能做出文字消散的效果，
文字随风消散，非常浪漫唯美。效果如图3-79所示。

图 3-79

下面介绍在剪映 App 中制作文字消散效果的具体操作方法。

步骤 1 在剪映 App 中导入一段视频素材，点击"文字"按钮。如图 3-80 所示。

步骤 2 在弹出的面板中点击"新建文本"按钮。如图 3-81 所示。

图 3-80

图 3-81

步骤 3 ❶输入文字内容；❷选择喜欢的字体；❸切换至"排列"选项卡；❹设置"字间距"为 5；❺调整文字的大小。如图 3-82 所示。

步骤 4 ❶切换至"动画"选项卡；❷切换至"出场动画"选项区；❸选择"溶解"动画；❹设置动画时长为 2.5s；❺点击 ✓ 按钮确认操作。如图 3-83 所示。

图 3-82

图 3-83

步骤 5 调整文字素材的时长，使其末端与视频素材的末尾位置对齐。如图 3-84 所示。

步骤 6 回到主界面，❶拖曳时间轴至视频 1s 位置；❷点击"画中画"按钮。如图 3-85 所示。

图 3-84

图 3-85

步骤 7 在弹出的面板中点击"新增画中画"按钮。如图 3-86 所示。

步骤 8 ❶选择消散粒子视频素材；❷点击"添加"按钮。如图 3-87 所示。

图 3-86

图 3-87

步骤 9 添加素材后，点击"混合模式"按钮。如图 3-88 所示。

步骤 10 ❶选择"滤色"选项；❷调整粒子素材的画面大小，使其消散效果刚好覆盖文字。如图 3-89 所示。

图 3-88　　　　　　　　　图 3-89

步骤 11 点击右上角的"导出"按钮，导出后播放视频。如图 3-90 所示。

图 3-90

3.2.5 烟雾文字：制作古风烟雾文字效果

扫码看案例效果   扫码看教学视频

【效果展示】古风烟雾文字效果也是利用消散粒子素材制作的，效果非常唯美，很适合用在国风类的视频中。效果如图 3-91 所示。

图 3-91

　　下面介绍在剪映 App 中制作古风烟雾文字效果的具体操作方法。

步骤 1 在剪映 App 中导入一段视频素材，点击"文字"按钮。如图 3-92 所示。

步骤 2 在弹出的面板中点击"新建文本"按钮。如图 3-93 所示。

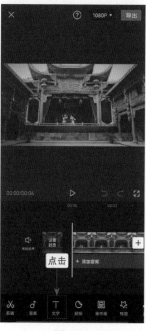

图 3-92   图 3-93

步骤3 ❶输入文字内容；❷选择喜欢的字体；❸切换至"排列"选项卡；❹选择第四个排列样式；❺设置"字间距"为5；❻调整文字的大小和位置；❼点击✅按钮。如图3-94所示。

步骤4 ❶添加同样样式的第二段文字；❷调整这两段文字素材的时长；❸点击"样式"按钮。如图3-95所示。

图 3-94

图 3-95

步骤5 ❶切换至"动画"选项卡；❷选择"打字机Ⅱ"动画；❸设置动画时长为1.8s；❹点击✅按钮确认操作。如图3-96所示。并为另一段文字设置同样的动画效果。

步骤6 回到主界面，点击"画中画"按钮。如图3-97所示。

图 3-96

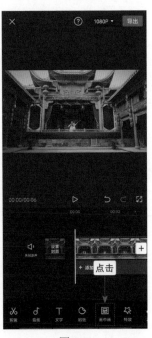

图 3-97

步骤 7 在弹出的面板中点击"新增画中画"按钮。如图 3-98 所示。

步骤 8 ❶选择烟雾粒子视频素材；❷点击"添加"按钮。如图 3-99 所示。

图 3-98

图 3-99

步骤 9 添加素材后，点击"混合模式"按钮。如图 3-100 所示。

步骤 10 ❶选择"滤色"选项；❷调整粒子素材的画面大小，使烟雾效果刚好覆盖文字。如图 3-101 所示。

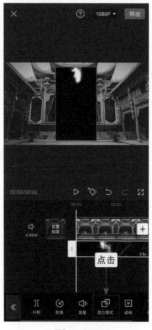

图 3-100

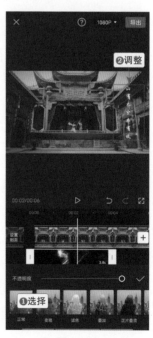

图 3-101

步骤 11 点击"复制"按钮，复制烟雾粒子视频素材。如图 3-102 所示。

步骤 12 调整复制出来的烟雾素材的轨道位置和画面位置，使其烟雾效果刚好覆盖另一段文字。如图 3-103 所示。

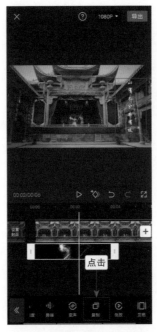

图 3-102

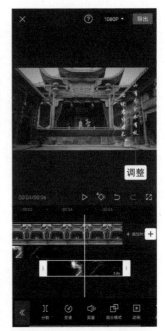

图 3-103

步骤 13 回到主界面，点击"特效"按钮。如图 3-104 所示。

步骤 14 在弹出的面板中点击"画面特效"按钮。如图 3-105 所示。

图 3-104

图 3-105

步骤 15 ❶切换至"自然"选项卡；❷选择"落叶"特效；❸点击☑按钮。如图 3-106 所示。

步骤 16 调整"落叶"特效素材的时长，与视频素材的时长对齐。如图 3-107 所示。

图 3-106

图 3-107

步骤 17 点击右上角的"导出"按钮，导出后播放视频。如图 3-108 所示。

图 3-108

3.2.6 文字跟踪：制作文字跟踪效果

扫码看案例效果　　　　　扫码看教学视频

【效果展示】在剪映 App 中利用文字和各种贴纸效果就能制作出文字跟踪的文字效果，这种效果很适合用在有运动物体的视频中。效果如图 3-109 所示。

图 3-109

下面介绍在剪映 App 中制作文字跟踪效果的具体操作方法。

步骤 1 打开剪映 App，❶切换至"素材库"选项卡；❷在"黑白场"选项区中选择黑底视频素材；❸点击"添加（1）"按钮。如图 3-110 所示。

步骤 2 点击"文字"按钮。如图 3-111 所示。

图 3-110　　　　　　　图 3-111

步骤 3 在弹出的面板中点击"新建文本"按钮。如图 3-112 所示。

步骤 4 ❶ 输入文字内容；❷ 选择字体；❸ 调整文字的大小和位置。如图 3-113 所示。

图 3-112

图 3-113

步骤 5 ❶ 切换至"动画"选项卡；❷ 切换至"循环动画"选项区；❸ 选择"色差故障"动画；❹ 点击 ✓ 按钮确认操作。如图 3-114 所示。

步骤 6 点击《按钮，回到上一级菜单。如图 3-115 所示。

图 3-114

图 3-115

步骤 7 点击"添加贴纸"按钮。如图 3-116 所示。

步骤 8 ❶搜索"方框"贴纸；❷选择一款合适的贴纸；❸调整其大小和位置；❹点击"关闭"按钮。如图 3-117 所示。

图 3-116

图 3-117

步骤 9 ❶切换至"箭头" ！选项卡；❷选择一款合适的贴纸；❸调整其位置和大小；❹点击右上角的"导出"按钮。如图 3-118 所示。

步骤 10 在剪映 App 中打开一段视频素材，点击"画中画"按钮。如图 3-119 所示。

图 3-118

图 3-119

步骤 11 在弹出的面板中点击"新增画中画"按钮。如图3-120所示。

步骤 12 ❶选择刚才导出的文字视频素材；❷点击"添加"按钮。如图3-121所示。

图 3-120

图 3-121

步骤 13 点击"混合模式"按钮。如图3-122所示。

步骤 14 ❶选择"滤色"选项；❷调整文字素材的大小和位置，使其箭头指向目标物体；❸点击✓按钮。如图3-123所示。

图 3-122

图 3-123

步骤 15 点击"变速"
按钮。如图 3-124 所示。

步骤 16 点击"常规变
速"按钮。如图 3-125
所示。

图 3-124

图 3-125

步骤 17 ❶拖曳滑块
设置"变速"参数为
0.5X;❷点击✓按钮。
如图 3-126 所示。

步骤 18 调整画中画轨
道中文字视频素材的时
长，与视频素材的时长
对齐。如图 3-127 所示。

图 3-126

图 3-127

步骤 19 点击右上角的"导出"按钮，导出后播放视频。如图 3-128 所示。

图 3-128

特效篇

/第/ 4 /章/

调色效果：画质更高绝对惊艳

🔆 本章要点

　　画面的色彩会影响视频的质感，适配色调能让色彩不好的视频焕然一新。本章主要介绍如何在剪映 App 中对短视频的色调进行后期处理，包括清新风光色调、万能美食色调、自然植物色调、唯美夕阳色调、明媚人像色调以及浓郁暖黄色调等。学会这些操作，可以帮助读者制作出画面更加精美的短视频作品。

4.1 简单调色处理

在剪映 App 中添加合适的滤镜和设置调节参数就能调出各种心仪的色调，比如有清新风光色调，能让画面效果更清晰；又如万能美食色调，能让视频中的食物变得更诱人更有食欲；还有自然植物色调，是各种植物百搭的调色方法。下面用案例来介绍这些调色方法。

4.1.1 清新风光色调：使画面变得清晰

扫码看案例效果

扫码看教学视频

【效果展示】如果拍摄环境的天气是阴天或者雾气很重，视频就会有点模糊，学会这个清新风光色调，就能实现去雾效果，让画质变得清晰高清。画面不仅会变得清新，而且让人看了有心旷神怡的感觉。效果如图 4-1 所示。

图 4-1

下面介绍在剪映
App中调出清新风光色
调的具体操作方法。

步骤 1 在剪映 App 中
导入一段视频素材，点
击"滤镜"按钮。如图 4-2
所示。

步骤 2 ❶切换至"高清"
选项卡；❷选择"鲜亮"
滤镜；❸点击✔按钮。
如图 4-3 所示，进行初
步调色。

图 4-2

图 4-3

步骤 3 点击《按钮，回
到上一级菜单。如图 4-4
所示。

步骤 4 在弹出的面板中
点击"新增调节"按钮。
如图 4-5 所示。

图 4-4

图 4-5

步骤 5 进入"调节"面板，❶选择"亮度"选项；❷拖曳滑块，设置参数为-50。效果如图4-6所示。

步骤 6 ❶选择"对比度"选项；❷拖曳滑块，设置参数为10。效果如图4-7所示。

图 4-6　　　　　　　　　图 4-7

步骤 7 ❶选择"饱和度"选项；❷拖曳滑块，设置参数为16。效果如图4-8所示。

步骤 8 ❶选择"锐化"选项；❷拖曳滑块，设置参数为20。效果如图4-9所示。

图 4-8　　　　　　　　　图 4-9

步骤 9 ❶选择"色温"选项；❷拖曳滑块，设置参数为 -10。效果如图 4-10 所示。

步骤 10 ❶选择"色调"选项；❷拖曳滑块，设置参数为 -20；❸点击 ✓ 按钮。如图 4-11 所示。操作完成后，就能提高画面色彩饱和度，并让模糊的画质变得高清。

图 4-10　　　　　　　图 4-11

步骤 11 调整"鲜亮"滤镜和"调节 1"的时长，与视频素材的时长对齐。如图 4-12 所示。

步骤 12 点击 1080P ▼ 按钮，设置"分辨率"参数为 2K/4K。如图 4-13 所示，让画面更加高清。

图 4-12　　　　　　　图 4-13

步骤 13 点击"导出"按钮导出视频，预览视频前后对比效果。效果如图 4-14 所示。

图 4-14

4.1.2　万能美食色调：让食物变得诱人

扫码看案例效果

扫码看教学视频

【效果展示】普通的食物经过这个万能食物色调处理之后就会变得更加诱人，让人更有食欲。效果如图 4-15 所示。

图 4-15

下面介绍在剪映App中调出万能美食色调的具体操作方法。

步骤 1 在剪映App中导入一段视频素材，①选中视频素材；②点击"滤镜"按钮。如图4-16所示。

步骤 2 ①切换至"美食"选项卡；②选择"可口"滤镜；③点击 ✓ 按钮。如图4-17所示，进行初步调色。

图 4-16 　　　　　　　　图 4-17

步骤 3 点击"调节"按钮。如图4-18所示。

步骤 4 进入"调节"面板，①选择"亮度"选项；②拖曳滑块，设置参数为10。如图4-19所示。

图 4-18 　　　　　　　　图 4-19

步骤 5 ❶选择"对比度"选项；❷拖曳滑块，设置参数为 11。如图 4-20 所示。

步骤 6 ❶选择"饱和度"选项；❷拖曳滑块，设置参数为 20。如图 4-21 所示。

图 4-20　　　　　　　图 4-21

步骤 7 ❶选择"光感"选项；❷拖曳滑块，设置参数为 -14。如图 4-22 所示。

步骤 8 ❶选择"色调"选项；❷拖曳滑块，设置参数为 -20；❸点击 ✓ 按钮。如图 4-23 所示。操作完成后，就能让视频中食物的色泽变得更加诱人。

图 4-22　　　　　　　图 4-23

步骤 9 回到主界面，点击"贴纸"按钮。如图 4-24 所示。

步骤 10 ❶切换至"食物"选项卡；❷选择一款合适的贴纸；❸调整贴纸的位置；❹点击✓按钮。如图 4-25 所示。

图 4-24

图 4-25

步骤 11 调整贴纸素材的时长，与视频素材的时长对齐。如图 4-26 所示。

步骤 12 ❶拖曳时间轴至视频素材中间的位置；❷点击"特效"按钮。如图 4-27 所示。

图 4-26

图 4-27

步骤 13 在弹出的面板中点击"画面特效"按钮。如图 4-28 所示。

步骤 14 ❶切换至"自然"选项卡；❷选择"爆炸"特效。如图 4-29 所示。

图 4-28　　　　　　　　　图 4-29

步骤 15 点击"导出"按钮导出视频，预览视频前后对比效果。如图 4-30 所示。

图 4-30

4.1.3 自然植物色调：百搭植物调色法

扫码看案例效果

扫码看教学视频

【效果展示】用简单模式拍摄的植物视频可能画面比较单调，经过调色处理之后，画面就会变梦幻，而且自然又好看，是非常百搭的调色法。效果如图 4-31 所示。

图 4-31

下面介绍在剪映 App 中调出自然植物色调的具体操作方法。

步骤 1 在剪映 App 中导入一段视频素材，❶ 选中视频素材；❷ 点击"滤镜"按钮。效果如图 4-32 所示。

步骤 2 ❶ 切换至"风景"选项卡；❷ 选择"绿妍"滤镜；❸ 点击 ✓ 按钮。如图 4-33 所示，进行初步调色。

图 4-32

图 4-33

步骤3 点击"调节"按钮。如图 4-34 所示。

步骤4 进入"调节"面板，❶选择"亮度"选项；❷拖曳滑块，设置参数为 10。效果如图 4-35所示。

图 4-34　　　　　　　　　　图 4-35

步骤5 ❶选择"对比度"选项；❷拖曳滑块，设置参数为 -15。效果如图 4-36 所示。

步骤6 ❶选择"饱和度"选项；❷拖曳滑块，设置参数为 50。效果如图 4-37 所示。

图 4-36　　　　　　　　　　图 4-37

步骤 7 ❶选择"光感"
选项;❷拖曳滑块,设
置参数为 -15。效果如
图 4-38 所示。

步骤 8 ❶选择"锐化"
选项;❷拖曳滑块,设
置参数为 15。效果如
图 4-39 所示。

图 4-38   图 4-39

步骤 9 ❶选择"高光"
选项;❷拖曳滑块,设
置参数为 -30;❸点击
☑按钮。效果如图 4-40
所示。操作完成后,就
能让视频中单调的植物
变得生动。

步骤 10 回到主界面,
点击"特效"按钮。如
图 4-41 所示。

图 4-40   图 4-41

步骤 11 在弹出的面板中点击"画面特效"按钮。如图 4-42 所示。

步骤 12 ❶切换至"光影"选项卡；❷选择"胶片漏光 II"特效；❸点击✔按钮。效果如图 4-43 所示。

图 4-42

图 4-43

步骤 13 点击"画面特效"按钮，❶切换至"氛围"选项卡；❷选择"星火炸开"特效；❸点击✔按钮。效果如图 4-44 所示。

步骤 14 调整两条特效的时长，与视频素材的时长对齐。如图 4-45 所示。

图 4-44

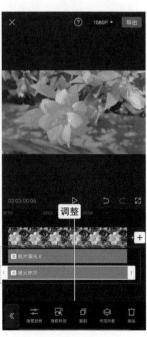

图 4-45

步骤 15 点击"导出"按钮导出视频，预览视频前后对比效果。如图 4-46 所示。

图 4-46

4.2 网红色调制作

　　网红色调的特点就是色彩大胆、创意十足，而且都很受欢迎，这里介绍的都是比较常见的色调类型，主要有唯美的夕阳色调，改变天空的色彩；还有明媚的人像色调，是人像视频中常见的色调；最后还有暖黄色调，把视频中的夏天变成秋天。

　　下面用案例来介绍这些调色方法。

4.2.1 唯美夕阳色调：让暗淡天空变多彩

扫码看案例效果

扫码看教学视频

【效果展示】唯美的夕阳色调适合很多天空视频，尤其是有云彩的视频，冷暖色对比会比较强烈，色彩冲击力也会很大。效果如图 4-47 所示。

图 4-47

下面介绍在剪映 App 中调出唯美夕阳色调的具体操作方法。

步骤 1 在剪映 App 中导入一段视频素材，❶ 选中视频素材；❷点击"滤镜"按钮。效果如图 4-48 所示。

步骤 2 ❶切换至"风景"选项卡；❷选择"橘光"滤镜；❸点击✓按钮。如图 4-49 所示，进行初步调色。

图 4-48

图 4-49

步骤3 点击"调节"按钮。如图 4-50 所示。

步骤4 进入"调节"面板,❶选择"亮度"选项;❷拖曳滑块,设置参数为 30。效果如图 4-51 所示。

图 4-50

图 4-51

步骤5 ❶选择"对比度"选项;❷拖曳滑块,设置参数为 5。效果如图 4-52 所示。

步骤6 ❶选择"饱和度"选项;❷拖曳滑块,设置参数为 50。效果如图 4-53 所示。

图 4-52

图 4-53

步骤 7 ❶选择"光感"
选项；❷拖曳滑块，设
置参数为 -50。效果如
图 4-54 所示。

步骤 8 ❶选择"高光"
选项；❷拖曳滑块，设
置参数为 -20。效果如
图 4-55 所示。

图 4-54

图 4-55

步骤 9 ❶选择"色温"
选项；❷拖曳滑块，设
置参数为 -25。效果如
图 4-56 所示。

步骤 10 ❶选择"色调"
选项；❷拖曳滑块，设
置参数为 26。效果如
图 4-57 所示。操作完成
后，就能提高冷暖色的
对比，让视频中黯淡的
天空变得唯美。

图 4-56

图 4-57

步骤 11 点击"导出"按钮导出视频，预览视频前后对比效果。效果如图 4-58
所示。

图 4-58

4.2.2 明媚人像色调：让照片主体更突出

扫码看案例效果　　　　扫码看教学视频

【效果展示】自然光下拍摄的人像视频色彩一般比较暗，因此想让视频
中的人像主体更加突出，可以让色彩变得饱和，让视频效果变得明媚起来。
效果如图 4-59 所示。

图 4-59

下面介绍在剪映App 中调出明媚人像色调的具体操作方法。

步骤 1 在剪映 App 中导入一段视频素材，❶选中视频素材；❷点击"滤镜"按钮。效果如图 4-60 所示。

步骤 2 ❶切换至"复古"选项卡；❷选择"普林斯顿"滤镜；❸点击 ✓ 按钮确认操作。如图 4-61 所示，进行初步调色。

图 4-60

图 4-61

步骤 3 点击"调节"按钮。如图 4-62 所示。

步骤 4 进入"调节"面板，❶选择"亮度"选项；❷拖曳滑块，设置参数为 16。效果如图 4-63 所示。

图 4-62

图 4-63

步骤5 ❶选择"对比度"选项；❷拖曳滑块，设置参数为16。效果如图4-64所示。

步骤6 ❶选择"饱和度"选项；❷拖曳滑块，设置参数为11。效果如图4-65所示。

图 4-64　　　　　　　　　　图 4-65

步骤7 ❶选择"光感"选项；❷拖曳滑块，设置参数为9。效果如图4-66所示。

步骤8 ❶选择"高光"选项；❷拖曳滑块，设置参数为−19。效果如图4-67所示。

图 4-66　　　　　　　　　　图 4-67

步骤 9 ❶选择"色温"选项；❷拖曳滑块，设置参数为 -11。效果如图 4-68 所示。

步骤 10 ❶选择"色调"选项；❷拖曳滑块，设置参数为 11；❸点击 ✓按钮。效果如图 4-69 所示。操作完成后，就能让视频中的人像变得明媚。

图 4-68　　　　　图 4-69

步骤 11 回到主界面，点击"特效"按钮。如图 4-70 所示。

步骤 12 在弹出的面板中点击"画面特效"按钮。如图 4-71 所示。

图 4-70　　　　　图 4-71

步骤 13 ❶切换至"氛围"选项卡；❷选择"萤光飞舞"特效；❸点击■按钮。效果如图 4-72 所示。

步骤 14 调整特效素材的时长，与视频素材的时长对齐。如图 4-73 所示。

图 4-72　　　　　　　　图 4-73

步骤 15 点击"导出"按钮导出视频，预览视频前后对比效果，如图 4-74 所示。

图 4-74

4.2.3 浓郁暖黄色调：让夏天变成了秋天

扫码看案例效果

扫码看教学视频

【效果展示】在剪映 App 中利用滤镜、蒙版和关键帧功能就能调出浓郁暖黄色调，做出季节变化的效果，把夏天变成秋天。效果如图 4-75 所示。

图 4-75

下面介绍在剪映 App 中调出浓郁暖黄色调的具体操作方法。

步骤1 在剪映 App 中导入一段视频素材，❶选中视频素材；❷点击"复制"按钮。效果如图 4-76 所示。

步骤2 回到主界面，点击"画中画"按钮。如图 4-77 所示。

图 4-76

图 4-77

步骤3 ❶选中视频轨道中的第二段素材；❷点击"切画中画"按钮。效果如图4-78所示。

步骤4 ❶调整画中画轨道中素材的位置，对齐视频轨道中的素材；❷选中视频轨道中的素材；❸点击"滤镜"按钮。效果如图4-79所示。

图 4-78　　　　　　图 4-79

步骤5 ❶切换至"影视级"选项卡；❷选择"月升之国"滤镜；❸点击 ✓ 按钮。如图4-80所示，让视频轨道中的素材变成秋天的色调。

步骤6 ❶选中画中画轨道中的素材；❷拖曳时间轴至视频起始位置；❸点击 ◇ 按钮添加关键帧。效果如图4-81所示。

图 4-80　　　　　　图 4-81

步骤 7 点击"蒙版"按钮。如图4-82所示。

步骤 8 ❶选择"线性"选项；❷旋转蒙版角度为90°。效果如图4-83所示。

图 4-82

图 4-83

步骤 9 拖曳黄色的蒙版线至视频画面最左边位置。如图4-84所示。

步骤 10 ❶拖曳时间轴至视频末尾位置；❷拖曳黄色的蒙版线至视频画面最右边位置；❸点击 ✓ 按钮。如图4-85所示，让暖黄色逐渐覆盖绿色。

图 4-84

图 4-85

步骤 11 回到主界面，点击"特效"按钮。如图 4-86 所示。

步骤 12 在弹出的面板中点击"画面特效"按钮。如图 4-87 所示。

图 4-86   图 4-87

步骤 13 ①切换至"自然"选项卡；②选择"落叶"特效；③点击☑️按钮。如图 4-88 所示，增强秋天的氛围。

步骤 14 调整特效素材的时长，使其末端对其视频素材的末尾位置。如图 4-89 所示。

图 4-88   图 4-89

步骤 15 点击"导出"按钮导出视频，预览视频前后对比效果。如图 4-90 所示。

图 4-90

转场效果：耳目一新创意满满

本章要点

　　视频素材之间的切换少不了转场效果，好的转场效果能让人耳目一新，有创意的转场更是能为视频添加亮点。本章主要介绍如何制作电影转场效果，包括特效转场和无缝转场，还有动态转场效果，包括翻页转场、抠图转场和文字转场。这些都是当下最火热的转场效果，读者学会这些操作，可提升视频编辑的技巧。

5.1 制作电影转场效果

　　转场有多种形式，有用镜头自然过渡的无技巧转场，也有常见的技巧转场，在剪映 App 中利用特效素材和剪映 App 自带的功能就能做出电影转场效果，让素材之间的切换更具影视化。

　　下面用案例来介绍这些操作。

5.1.1 特效转场：制作色度抠图枫叶转场

扫码看案例效果

扫码看教学视频

　　【效果展示】在剪映 App 中利用色度抠图功能就能制作出枫叶特效转场，让绿色植物经过转场之后变成枫叶，这个特效转场很适合季节变换的场景，尤其是夏天变秋天的场景视频。效果如图 5-1 所示。

图 5-1

下面介绍在剪映 App 中制作色度抠图枫叶转场的具体操作方法。

步骤 1 在剪映 App 中导入两张照片素材，点击"画中画"按钮。如图 5-2 所示。

步骤 2 在弹出的面板中点击"新增画中画"按钮。如图 5-3 所示。

图 5-2

图 5-3

步骤 3 添加枫叶转场特效素材，❶调整素材画面大小，使其铺满屏幕；❷点击"色度抠图"按钮。如图 5-4 所示。

步骤 4 进入"色度抠图"面板，拖曳取色器，取样画面中的蓝色颜色。如图 5-5 所示。

图 5-4

图 5-5

步骤5 ❶选择"强度"选项；❷拖曳滑块，设置参数为100。如图5-6所示。

步骤6 ❶选择"阴影"选项；❷拖曳滑块，设置参数为100；❸点击 ✓ 按钮。如图5-7所示，只留取素材中的枫叶效果。

图 5-6　　　　　　　　图 5-7

步骤7 设置第一段素材的时长为2s，回到主界面，点击"音频"按钮。如图5-8所示。

步骤8 添加合适的背景音乐。如图5-9所示。

图 5-8　　　　　　　　图 5-9

步骤 9 ❶选择第一段素材；❷点击"动画"按钮。如图 5-10 所示。

步骤 10 在弹出的面板中点击"组合动画"按钮。如图 5-11 所示。

图 5-10

图 5-11

步骤 11 选择"旋转缩小"动画。如图 5-12 所示。

步骤 12 ❶选择第二段视频素材；❷选择"荡秋千"动画。如图 5-13 所示，为照片素材设置动画效果，让素材变动感。

图 5-12

图 5-13

步骤 13 点击右上角的
"导出"按钮，导出后播
放视频。如图5-14所示。

图 5-14

5.1.2 无缝转场：制作曲线变速转场效果

扫码看案例效果　　　　扫码看教学视频

【效果展示】曲线变速转场能让素材之间的转场速度发生变化，在快慢
之间无缝切换素材。效果如图 5-15 所示。

图 5-15

下面介绍在剪映 App 中制作曲线变速转场效果的具体操作方法。

步骤 1 在剪映 App 中导入两段视频素材，❶选择第一段素材；❷点击"变速"按钮。如图 5-16 所示。

步骤 2 在弹出的面板中点击"曲线变速"按钮。如图 5-17 所示。

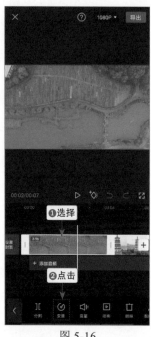

图 5-16

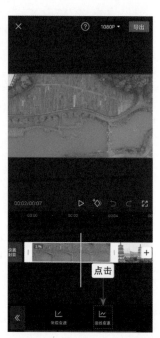

图 5-17

步骤 3 ❶在"曲线变速"面板中选择"自定"选项；❷点击"点击编辑"按钮。如图 5-18 所示。

步骤 4 在"自定"面板中拖曳前面两个变速点，设置速度为 0.5×。如图 5-19 所示。

图 5-18

图 5-19

步骤 5　❶拖曳后面三个变速点，设置速度为 6.5×；❷点击✓按钮。如图 5-20 所示。

步骤 6　❶选择第二段素材；❷点击"点击编辑"按钮。如图 5-21 所示。

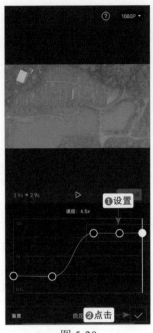

图 5-20

图 5-21

步骤 7　在"自定"面板中拖曳前面三个变速点，设置速度为 6.5×。如图 5-22 所示。

步骤 8　❶拖曳后面两个变速点，设置速度为 0.5×；❷点击✓按钮。如图 5-23 所示。

图 5-22

图 5-23

步骤 9 回到主界面，
点击"音频"按钮。如
图 5-24 所示。

步骤 10 添加合适的背
景音乐。如图 5-25 所示。

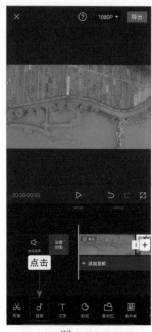

图 5-24　　　　　　　图 5-25

步骤 11 点击右上角的
"导出"按钮，导出后播
放视频。如图 5-26 所示。

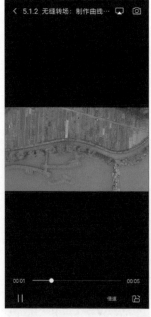

图 5-26

5.2 制作动态转场效果

在剪映 App 中运用蒙版、抠像和文字功能就能做出动态有特色的转场效果，例如翻页转场、抠图转场和文字转场，都是非常有特色的转场效果。学会这些制作方法，下次用在视频中，惊艳你的朋友圈。

下面用案例来介绍这些操作。

5.2.1 翻页转场：模拟翻书的场景切换效果

扫码看案例效果

扫码看教学视频

【效果展示】在剪映 App 中利用蒙版功能就能制作出翻页转场效果，让照片素材像翻书一样展现出来，这个转场最适合对称的照片素材，当然素材越精美，效果也越惊艳。效果如图 5-27 所示。

图 5-27

下面介绍在剪映App中制作翻页转场的具体操作方法。

步骤 1 在剪映App中导入五张照片素材，❶选择第二段素材；❷点击"切画中画"按钮。如图5-28所示。

步骤 2 把素材切换至画中画轨道中，❶调整该素材的时长为1.5s，并使其开端与视频轨道的起始位置对齐；❷点击"蒙版"按钮。如图5-29所示。

图 5-28

图 5-29

步骤 3 ❶在弹出的面板中选择"线性"选项；❷旋转蒙版线为90°；❸点击✓按钮。如图5-30所示。

步骤 4 点击"复制"按钮复制素材。如图5-31所示。

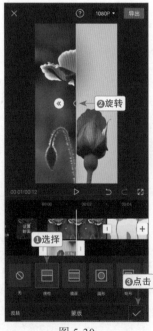

图 5-30

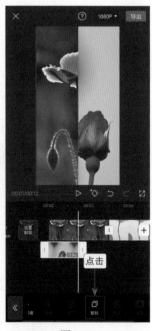

图 5-31

步骤 5 ❶拖曳复制出的素材至第二条画中画轨道中，对齐视频轨道的起始位置；❷设置时长为 3s；❸点击"蒙版"按钮。如图 5-32 所示。

步骤 6 ❶点击"反转"按钮；❷点击 ✔ 按钮。如图 5-33 所示。

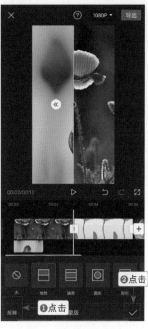

图 5-32　　　　　　　图 5-33

步骤 7 ❶选择视频轨道中的第一段素材；❷点击"复制"按钮。如图 5-34 所示。

步骤 8 复制素材之后，点击"切画中画"按钮。如图 5-35 所示。

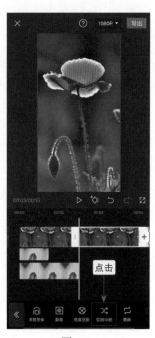

图 5-34　　　　　　　图 5-35

步骤 9 把素材切换至画中画轨道中，❶调整素材的位置，使其末端与画中画轨道中第一段素材的末尾位置对齐；❷拖曳时间轴至该素材的中间位置；❸点击"分割"按钮。如图 5-36 所示。

步骤 10 ❶选择分割出来的第一段素材；❷点击"蒙版"按钮。如图 5-37 所示。

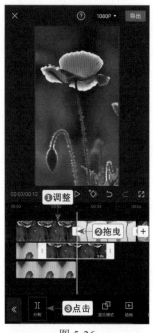

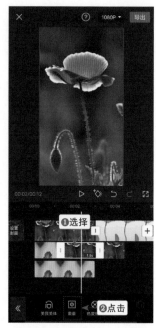

图 5-36　　　　　　　　　　　　图 5-37

步骤 11 ❶选择"线性"选项；❷旋转蒙版线为 -90°；❸点击✓按钮。如图 5-38 所示。

步骤 12 执行操作后，点击"动画"按钮。如图 5-39 所示。

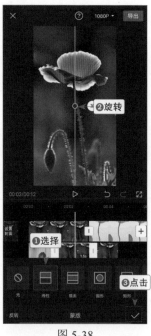

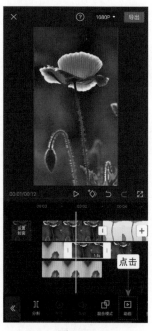

图 5-38　　　　　　　　　　　　图 5-39

步骤 13 在弹出的面板中点击"入场动画"按钮。如图 5-40 所示。

步骤 14 ❶选择"镜像翻转"动画；❷设置"动画时长"为 1.5s；❸点击☑按钮确认操作。如图 5-41 所示。

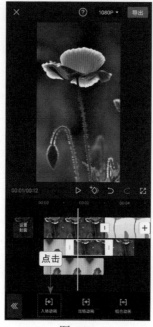

图 5-40

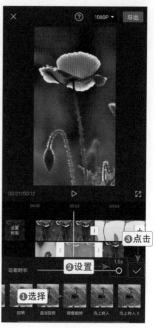

图 5-41

步骤 15 ❶选择第一条画中画轨道中的第一段素材；❷点击"出场动画"按钮。如图 5-42 所示。

步骤 16 ❶选择"镜像翻转"动画；❷设置"动画时长"为 1.5s；❸点击☑按钮确认操作。如图 5-43 所示。用与上面步骤同样的方法，为剩下的素材设置同样的效果，并为视频添加合适的背景音乐。

图 5-42

图 5-43

步骤 17 点击右上角的 "导出" 按钮，导出后播放视频。如图 5-44 所示。

图 5-44

5.2.2 抠图转场：用局部元素带出整体视频

扫码看案例效果

扫码看教学视频

【效果展示】在剪映 App 中运用智能抠像功能就能做出抠图转场的效果，用局部元素带出整体视频。效果如图 5-45 所示。

图 5-45

　　下面介绍在剪映App中制作抠图转场效果的具体操作方法。

步骤1 在剪映App中导入三段视频素材，❶选择第二段素材；❷点击"定格"按钮。如图5-46所示。

步骤2 在弹出的面板中点击"切画中画"按钮。如图5-47所示。

图 5-46　　　　　　　　图 5-47

步骤3 把定格出来的素材切换至画中画轨道中，❶设置时长为0.8s；❷调整其末端与第二段素材的起始位置对齐；❸点击"智能抠像"按钮。如图5-48所示。

步骤4 ❶选择第三段素材；❷点击"定格"按钮。如图5-49所示。

图 5-48　　　　　　　　图 5-49

步骤5 在弹出的面板中点击"切画中画"按钮。如图5-50所示。

步骤6 把定格出来的素材切换至画中画轨道中，❶设置时长为0.9s；❷调整其末端与第三段素材的起始位置对齐；❸点击"智能抠像"按钮。如图5-51所示。

图 5-50

图 5-51

步骤7 抠像完成后，点击"动画"按钮。如图5-52所示。

步骤8 在弹出的面板中点击"入场动画"按钮。如图5-53所示。

图 5-52

图 5-53

步骤9 ❶选择"向下甩入"动画；❷设置"动画时长"为最大；❸点击 ✓ 按钮。如图5-54所示。

步骤10 用与上一步骤同样的方法，为画中画轨道中的第一段素材添加"向下甩入"动画，并设置动画时长为最大。如图5-55所示。

图 5-54

图 5-55

步骤11 回到主界面，点击"音频"按钮。如图5-56所示。

步骤12 添加合适的背景音乐。如图5-57所示。

图 5-56

图 5-57

步骤 13 点击右上角的
"导出"按钮，导出后播
放视频。如图 5-58 所示。

图 5-58

5.2.3 文字转场：在文字切换中展现新场景

扫码看案例效果　　　　　　扫码看教学视频

【效果展示】在剪映 App 中运用色度抠图功能可以做出文字转场的效果，
让视频素材在文字放大的切换过程中实现转场。效果如图 5-59 所示。

图 5-59

下面介绍在剪映App中制作文字转场效果的具体操作方法。

步骤 1 在剪映 App 中导入一张绿幕照片素材，点击"文字"按钮。如图 5-60 所示。

步骤 2 点击"新建文本"按钮，❶输入文字内容；❷选择字体；❸选择颜色；❹点击 ✔ 按钮。如图 5-61 所示。

图 5-60

图 5-61

步骤 3 把绿幕素材和文字素材的时长都设置为5s。如图 5-62 所示。

步骤 4 ❶拖曳时间轴至文字素材的起始位置；❷点击 ◇ 按钮添加关键帧；❸调整文字的大小。如图 5-63 所示。

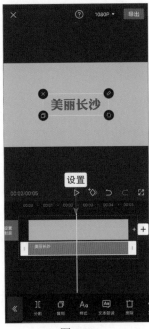

图 5-62

图 5-63

步骤 5 ❶拖曳时间轴至
文字素材的中间位置；
❷放大文字，文字轨道
上会自动添加关键帧。
如图 5-64 所示。

步骤 6 ❶拖曳时间轴至
文字素材的末尾位置；
❷放大文字至最大；❸点
击"导出"按钮导出视频。
如图 5-65 所示。

 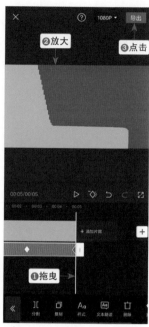

图 5-64   图 5-65

步骤 7 在剪映 App 中
导入第一段视频素材，
点击"画中画"按钮。
如图 5-66 所示。

步骤 8 在弹出的面板中
点击"新增画中画"按
钮。如图 5-67 所示。

图 5-66   图 5-67

步骤 9 添加上一步导出的视频素材，❶调整素材的画面大小，使其铺满屏幕；❷点击"色度抠图"按钮。如图 5-68 所示。

步骤 10 拖曳取色器，取样红色。如图 5-69 所示。

图 5-68 图 5-69

步骤 11 ❶选择"强度"选项；❷拖曳滑块，设置参数为100。如图 5-70 所示。

步骤 12 ❶选择"阴影"选项；❷拖曳滑块，设置参数为100；❸点击"导出"按钮。如图 5-71 所示。

图 5-70 图 5-71

步骤 13 在剪映 App 中导入第二段视频素材，点击"画中画"按钮。如图 5-72 所示。

步骤 14 在弹出的面板中点击"新增画中画"按钮。如图 5-73 所示。

图 5-72

图 5-73

步骤 15 添加上一步导出的视频素材，❶调整素材的画面大小，使其铺满屏幕；❷点击"色度抠图"按钮。如图 5-74 所示。

步骤 16 拖曳取色器，取样绿色。如图 5-75 所示。

图 5-74

图 5-75

步骤 17 ❶选择"强度"
选项；❷拖曳滑块，设
置参数为 100。如图 5-76
所示。

步骤 18 ❶选择"阴影"
选项；❷拖曳滑块，设
置参数为 100。如图 5-77
所示。

图 5-76　　　　　　　图 5-77

步骤 19 回到主界面，
点击"音频"按钮。如
图 5-78 所示。

步骤 20 添加合适的背
景音乐。如图 5-79 所示。

图 5-78　　　　　　　图 5-79

步骤 21 点击右上角的
"导出"按钮，导出后播
放视频。如图 5-80 所示。

图 5-80

/第/6/章/

卡点效果：动感酷炫更吸引人

W 本章要点

　　在剪映 App 最受欢迎的一类视频就是卡点视频。不管是单张照片素材，还是多个视频素材，都能做出酷炫又有节奏的卡点视频。本章主要介绍如何做出多屏卡点视频、蒙版切换卡点视频、滤镜切换卡点视频、万有引力卡点视频和拍照特效卡点视频，帮助大家轻松让自己的视频上热门，获取流量和关注。

6.1 制作单个素材的卡点效果

卡点是配合音频的节奏来制作画面的切换，这些切换元素包括特效、滤镜、动画以及剪映 App 中的各种功能。单个素材的卡点很适合发在朋友圈，只需要一张精美的照片素材即可做出多种卡点效果。

下面用案例来介绍这些操作。

6.1.1 多屏切换卡点：一屏复制成多屏效果

扫码看案例效果

扫码看教学视频

【效果展示】在剪映 App 中运用踩点功能就能为音频标记踩点，根据踩点再添加分屏特效，就能做出一屏变多屏的卡点视频，让一张照片素材变得缤纷多彩。效果如图 6-1 所示。

图 6-1

下面介绍在剪映
App 中制作多屏切换
卡点视频的具体操作
方法。

步骤1 在剪映 App 中
导入一张照片素材，点
击"音频"按钮。如图6-2
所示。

步骤2 添加音乐后，调
整视频素材的时长，与
音频素材的时长对齐。
如图6-3所示。

图 6-2　　　　　　　　　图 6-3

步骤3 ❶选择音频素
材；❷点击"踩点"按钮。
如图 6-4 所示。

步骤4 根据音乐节奏，
在"踩点"面板中点击
+添加点 按钮添加黄点。
如图 6-5 所示。

图 6-4　　　　　　　　　图 6-5

步骤5 ①操作完成后，为音频添加八个黄点；②点击✓按钮。如图6-6所示。

步骤6 ①拖曳时间轴至第一个黄点的位置；②点击"特效"按钮。如图6-7所示。

图6-6

图6-7

步骤7 在弹出的面板中点击"画面特效"按钮。如图6-8所示。

步骤8 ①切换至"分屏"选项卡；②选择"两屏"特效；③点击✓按钮。如图6-9所示。

图6-8

图6-9

154

步骤 9 ❶调整"两屏"特效素材的时长，使其末端与第二个黄点对齐；❷点击❮按钮回到上一级菜单。如图 6-10 所示。

步骤 10 点击"画面特效"按钮。如图 6-11 所示。

图 6-10　　　　　　　　　　图 6-11

步骤 11 用同样的方法，为剩下的部分素材添加"分屏"特效。如图 6-12 所示。

步骤 12 再为最后一段素材添加"星火炸开"氛围特效。如图 6-13 所示。

图 6-12　　　　　　　　　　图 6-13

步骤 13 点击右上角的"导出"按钮，导出后播放视频。如图 6-14 所示。

图 6-14

6.1.2 蒙版切换卡点：展现璀璨夺目的城市

扫码看案例效果　　　　　扫码看教学视频

【效果展示】在剪映 App 中运用蒙版功能也能做出相应的卡点视频，让素材在切换蒙版形状中逐渐显现出来。效果如图 6-15 所示。

图 6-15

下面介绍在剪映App中制作蒙版切换卡点视频的具体操作方法。

步骤 1 在剪映App中导入一张照片素材，点击"音频"按钮。如图6-16所示。

步骤 2 添加音乐后，调整视频素材的时长，对齐音频素材的时长。如图6-17所示。

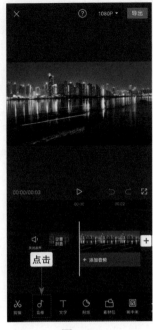

图 6-16

图 6-17

步骤 3 ❶选择视频素材；❷点击 按钮添加关键帧；❸点击"蒙版"按钮。如图6-18所示。

步骤 4 ❶选择"矩形"选项；❷点击 按钮。如图6-19所示。

图 6-18

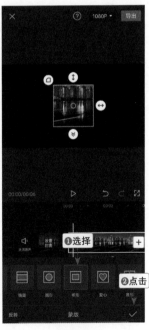

图 6-19

步骤 5 ❶拖曳时间轴至下一个音乐节奏起伏的位置；❷点击"蒙版"按钮。如图 6-20 所示。

步骤 6 ❶点击 ↔ 按钮调整矩形蒙版的形状大小；❷点击 ✓ 按钮。如图 6-21 所示。

图 6-20

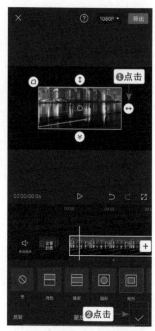

图 6-21

步骤 7 用同样的方法，根据音乐节奏的起伏，为剩下的视频素材设置蒙版大小。如图 6-22 所示。

步骤 8 在最后一个节奏起伏点上，调整蒙版的形状大小，使其铺满屏幕。如图 6-23 所示。

图 6-22

图 6-23

步骤9 回到主界面，点击"特效"按钮。如图 6-24 所示。

步骤10 在弹出的面板中点击"画面特效"按钮。如图 6-25 所示。

图 6-24

图 6-25

步骤11 ❶切换至"动感"选项卡；❷选择"抖动"特效；❸点击▽按钮。如图 6-26 所示。

步骤12 调整特效素材的时长，使其末端与视频素材的末尾位置对齐。如图 6-27 所示。

图 6-26

图 6-27

步骤 13 点击右上角的"导出"按钮，导出后播放视频。如图 6-28 所示。

图 6-28

🎤 专家提醒

在剪映 App 中对音频进行踩点操作，除了手动添加点进行踩点，还可以开启自动踩点，让系统自动为音频添加黄点，而且还有"踩节拍 I"和"踩节拍 II"多种踩点选项。

在添加踩点音乐时，可以在抖音收藏踩点音乐，再添加到剪映中，这节内容在第 2 章第 2.1.3 节中有所涉及，大家可以参考。

6.1.3 滤镜切换卡点：让云朵变成五颜六色

扫码看案例效果

扫码看教学视频

【效果展示】在剪映 App 中根据音乐节奏添加不同的滤镜和特效就能做出唯美的云朵卡点视频，画面十分梦幻。效果如图 6-29 所示。

图 6-29

下面介绍在剪映App 中制作滤镜切换卡点视频的具体操作方法。

步骤 1 在剪映 App 中导入一张照片素材，点击"音频"按钮。如图 6-30 所示。

步骤 2 添加音乐后，❶调整视频素材的时长，与音频素材的时长对齐；❷选中音频素材；❸点击"踩点"按钮。如图 6-31 所示。

图 6-30

图 6-31

步骤 3 根据音乐节奏，为音频添加五个黄点。如图 6-32 所示。

步骤 4 回到主界面，❶拖曳时间轴至第一个黄点的位置；❷点击"滤镜"按钮。如图 6-33 所示。

图 6-32

图 6-33

步骤 5 ❶切换至"影视级"选项卡；❷选择"即刻春光"滤镜；❸点击✔按钮。如图 6-34 所示。

步骤 6 ❶调整"即刻春光"滤镜的时长，使其末端与第二个黄点对齐；❷点击《按钮回到上一级菜单。如图 6-35 所示。

图 6-34

图 6-35

步骤7 在弹出的面板中点击"新增滤镜"按钮。如图 6-36 所示。

步骤8 用与上一步骤同样的方法，为剩下的视频素材分别添加"暮色""日系奶油""黑金"和"日落橘"滤镜。如图 6-37 所示。

 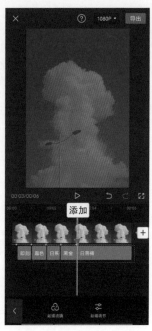

图 6-36　　　　　　　图 6-37

步骤9 回到主界面，点击"特效"按钮。如图 6-38 所示。

步骤10 在弹出的面板中点击"画面特效"按钮。如图 6-39 所示。

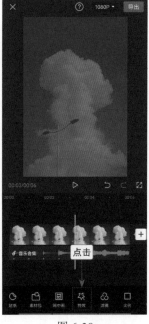 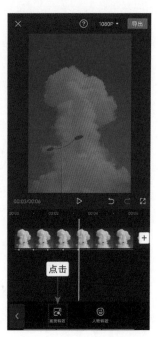

图 6-38　　　　　　　图 6-39

步骤 11 ❶切换至"氛围"选项卡；❷选择"星火"特效；❸点击 ✔ 按钮确认操作。如图 6-40 所示。

步骤 12 调整特效素材的时长，使其末端与视频素材的末尾位置对齐。如图 6-41 所示。

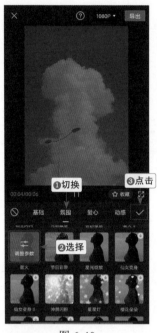

图 6-40　　　　　　　　图 6-41

步骤 13 点击右上角的"导出"按钮，导出后播放视频。如图 6-42 所示。

图 6-42

6.2　制作多个素材的卡点效果

　　在剪映 App 中制作多个素材的卡点视频和制作单个素材卡点视频的方法是一样的，主要是添加卡点音乐，再根据音乐节奏添加特效，从而让素材的切换更加动感和炫酷。拍照特效卡点和万有引力卡点等都是非常受欢迎的卡点视频。

　　下面用案例来介绍这些操作。

6.2.1　拍照特效卡点：制作浪漫婚纱短视频

扫码看案例效果

扫码看教学视频

　　【效果展示】在剪映 App 中运用自动踩点功能就能自动为音频添加黄点，再根据音乐节奏添加"变清晰"和"星火绽放"特效，就能制作出浪漫的婚纱卡点视频。效果如图 6-43 所示。

图 6-43

下面介绍在剪映App中制作品拍照特效卡点视频的具体操作方法。

步骤 1 在剪映App中导入四张婚纱照片素材，点击"音频"按钮。如图6-44所示。

步骤 2 添加音乐后，❶选中音频素材；❷点击"踩点"按钮。如图6-45所示。

图6-44　　　　　　　　　图6-45

步骤 3 ❶点击"自动踩点"按钮；❷选择"踩节拍I"选项；❸点击 ✓ 按钮。如图6-46所示。

步骤 4 添加三个黄点之后，根据音乐节奏和黄点的位置，调整四段视频素材的时长。如图6-47所示。

图6-46　　　　　　　　　图6-47

步骤5 回到主界面，点击"特效"按钮。如图 6-48 所示。

步骤6 在弹出的面板中点击"画面特效"按钮。如图 6-49 所示。

图 6-48

图 6-49

步骤7 ❶切换至"基础"选项卡；❷选择"变清晰"特效；❸点击✔按钮。如图 6-50 所示。

步骤8 点击"复制"按钮，复制"变清晰"特效素材。如图 6-51 所示。

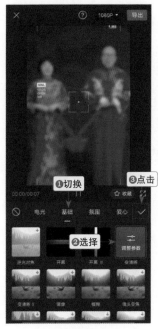
图 6-50

图 6-51

步骤 9 ❶为剩下的三段素材添加"变清晰"特效后；❷点击"画面特效"按钮。如图 6-52 所示。

步骤 10 ❶切换至"氛围"选项卡；❷选择"星光绽放"特效；❸点击 ✓ 按钮。如图 6-53 所示。

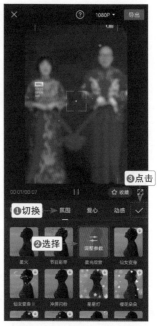

图 6-52

图 6-53

步骤 11 ❶调整"星光绽放"特效素材的时长和位置；❷点击"复制"按钮，复制"星光绽放"特效素材。如图 6-54 所示。

步骤 12 为剩下的三段素材都添加"星光绽放"特效。如图 6-55 所示。

图 6-54

图 6-55

步骤 13 点击右上角的
"导出"按钮，导出后播
放视频。如图 6-56 所示。

图 6-56

6.2.2　万有引力卡点：制作唯美的写真视频

扫码看案例效果　　　　　　扫码看教学视频

【效果展示】万有引力卡点是根据歌曲的节奏制作的卡点视频，添加的
特效一定要对上音频中的音效。效果如图 6-57 所示。

图 6-57

下面介绍在剪映 App 中制作万有引力卡点视频的具体操作方法。

步骤 1 在剪映 App 中导入五张照片素材，点击"音频"按钮。如图 6-58 所示。

步骤 2 添加卡点音乐后，根据音乐节奏的起伏，调整每段素材的时长，与音频素材的时长对齐。如图 6-59 所示。

图 6-58 　　　　　　　　　　图 6-59

步骤 3 回到主界面，点击"特效"按钮。如图 6-60 所示。

步骤 4 在弹出的面板中点击"画面特效"按钮。如图 6-61 所示。

图 6-60 　　　　　　　　　　图 6-61

步骤⑤ ❶切换至"基础"选项卡；❷选择"变清晰"特效；❸点击☑按钮。如图 6-62 所示。

步骤⑥ ❶拖曳时间轴至"变清晰"特效素材的末尾位置；❷点击"画面特效"按钮。如图 6-63 所示。

图 6-62

图 6-63

步骤⑦ ❶切换至"氛围"选项卡；❷选择"星火炸开"特效；❸点击☑按钮。如图 6-64 所示。

步骤⑧ ❶调整"星火炸开"特效素材的时长，使其末端与第一段视频素材的末尾位置对齐；❷点击"复制"按钮。如图 6-65 所示。

图 6-64

图 6-65

步骤 9 调整复制出的 "星火炸开" 特效素材的时长，与第二段视频素材的时长对齐。如图 6-66 所示。

步骤 10 用同样的方法，为剩下的三段素材添加 "星火炸开" 特效。如图 6-67 所示。

图 6-66   图 6-67

步骤 11 点击右上角的 "导出" 按钮，导出后播放视频。如图 6-68 所示。

图 6-68

/第/ 7 /章/

合成效果：让视频秒变高大上

本章要点

　　在剪映 App 中运用画中画和抠像等功能，就能做出合成视频。除了人物分身效果，还有相册合成效果，能让普通的视频秒变"高大上"。本章主要介绍如何制作双人分身视频、瞬间消失视频，青春回忆、动态写真以及 3D 相册视频，丰富做视频的方法，让你的视频惊艳你的朋友圈。

7.1 制作人物分身效果

人物分身视频主要有人物一分为二和人物变身两种。第一种人物变身视频是抖音里比较常见的视频，通过添加特效素材来达到变身的效果；第二种主要以让一人分身为二人的形式出现在视频画面中。

下面用案例来介绍这些操作。

7.1.1 双人分身：让自己给自己拍照打卡

扫码看案例效果   扫码看教学视频

【效果展示】之前制作分身视频的方法是运用蒙版功能，现在可以运用智能抠像功能来实现分身的效果，让同一个人拍照和摆姿势的场景出现在同一个画面中，效果非常神奇。效果如图 7-1 所示。

图 7-1

下面介绍在剪映App中制作双人分身视频的具体操作方法。

步骤1 在剪映App中导入两段视频素材，分别是拍照和摆姿势的视频。如图7-2所示。

步骤2 ❶选择第一段视频素材；❷点击"切画中画"按钮，把第一段视频素材切换至画中画轨道中。如图7-3所示。

图7-2

图7-3

步骤3 点击"智能抠像"按钮。如图7-4所示，把画中画轨道中视频素材里的人像抠出来，使其处于同一个画面中。

步骤4 返回主界面，点击"音频"按钮。如图7-5所示。

图7-4

图7-5

步骤 5 在弹出的面板中点击"音乐"按钮。如图 7-6 所示。

步骤 6 在搜索栏中搜索音乐。如图 7-7 所示。

图 7-6

图 7-7

步骤 7 点击所选音乐右侧的"使用"按钮。如图 7-8 所示。

步骤 8 调整音频素材的时长，与视频素材的时长对齐。如图 7-9 所示。

图 7-8

图 7-9

步骤 9 点击右上角的"导出"按钮，导出后播放视频。如图 7-10 所示。

图 7-10

7.1.2 瞬间消失：人物变成乌鸦后不见了

扫码看案例效果

扫码看教学视频

【效果展示】在剪映 App 中通过设置转场和添加乌鸦素材就能做出人物变成乌鸦消失的视频。效果如图 7-11 所示。

图 7-11

下面介绍在剪映App中制作瞬间消失视频的具体操作方法。

步骤 1 在剪映App中导入两段视频素材，分别是人物举手打响指和空镜头的视频，点击"转场"按钮。如图7-12所示。

步骤 2 ❶选择"向上擦除"基础转场；❷设置"转场时长"为1.5s；❸点击✔按钮确认操作。如图7-13所示。

图 7-12

图 7-13

步骤 3 ❶拖曳时间轴至视频1s的位置；❷点击"画中画"按钮。如图7-14所示。

步骤 4 在弹出的面板中点击"新增画中画"按钮。如图7-15所示。

图 7-14

图 7-15

步骤 5 添加乌鸦视频素材后，❶调整画面大小，使其铺满屏幕；❷调整素材时长，使其末端与视频轨道中第二段素材的末尾位置对齐；❸点击"混合模式"按钮。如图 7-16 所示。

步骤 6 ❶选择"正片叠底"选项；❷点击✔按钮。如图 7-17 所示。

图 7-16 　　　　　　图 7-17

步骤 7 回到主界面，点击"音频"按钮。如图 7-18 所示。

步骤 8 添加合适的背景音乐。如图 7-19 所示。

图 7-18 　　　　　　图 7-19

步骤 9 点击右上角的
"导出"按钮，导出后
播放视频。如图 7-20
所示。

图 7-20

7.2 制作相册合成效果

照片在剪映 App 中经过合成之后就可以变成相册视频。剪映 App 的玩法
越来越多样，因此制作出的效果也越来越新颖，运用各种功能更能为相册视
频加分，只需要选好精美照片即可做出令人惊艳的合成相册视频。

下面用案例来介绍这些操作。

7.2.1　3D相册：让静态照片变成立体变焦大片

扫码看案例效果

扫码看教学视频

【效果展示】在剪映 App 中通过添加 3D 照片玩法，就能合成变焦大片效果，也叫希区柯克玩法，让照片动起来，效果十分立体。效果如图 7-21 所示。

图 7-21

下面介绍在剪映 App 中制作 3D 相册视频的具体操作方法。

步骤 1 在剪映 App 中导入四张照片素材，点击"音频"按钮。如图 7-22 所示。

步骤 2 ❶添加卡点音乐；❷根据音乐节奏，调整每段视频素材的时长。如图 7-23 所示。

图 7-22　　　　　图 7-23

步骤 3 ❶选择第一段素
材；❷点击"玩法"按钮。
如图 7-24 所示。

步骤 4 选择"3D 照片"
选项。如图 7-25 所示。
用同样的方法，为剩下
的三段素材设置同样的
玩法即可合成变焦大片。

图 7-24 | 图 7-25

步骤 5 点击右上角的
"导出"按钮，导出后
播放视频。如图 7-26
所示。

图 7-26

7.2.2　动态写真：创意古风相册，让你刷爆朋友圈

扫码看案例效果

扫码看教学视频

【效果展示】在剪映 App 中通过添加古风卡点音乐和特效，就能把古风照片制作成古风相册视频，使静态的照片变得生动、写意又绚丽。效果如图 7-27 所示。

图 7-27

下面介绍在剪映
App 中制作动态写真视
频的具体操作方法。

步骤 1 在剪映 App 中导
入七张照片素材，点击
"音频"按钮。如图 7-28
所示。

步骤 2 ❶添加卡点音
乐；❷根据音乐节奏，
调整每段视频素材的时
长。如图 7-29 所示。

图 7-28

图 7-29

步骤 3 回到主界面，
点击"比例"按钮。如
图 7-30 所示。

步骤 4 选择"9：16"
选项。如图 7-31 所示。

图 7-30

图 7-31

步骤5 回到主界面，点击"背景"按钮。如图 7-32 所示。

步骤6 在弹出的面板中点击"画布模糊"按钮。如图 7-33 所示。

图 7-32

图 7-33

步骤7 ❶选择第四个样式；❷点击"应用到全部"按钮；❸点击✅按钮。如图 7-34 所示。

步骤8 点击"特效"按钮。如图 7-35 所示。

图 7-34

图 7-35

步骤 9 在弹出的面板中点击"画面特效"按钮。如图 7-36 所示。

步骤 10 ❶切换至"基础"选项卡；❷选择"变清晰"特效；❸点击✓按钮。如图 7-37 所示。

图 7-36

图 7-37

步骤 11 ❶拖曳时间轴至"变清晰"特效素材的末尾位置；❷点击"画面特效"按钮。如图 7-38 所示。

步骤 12 ❶切换至"氛围"选项卡；❷选择"星火炸开"特效；❸点击✓按钮确认操作，如图 7-39 所示。

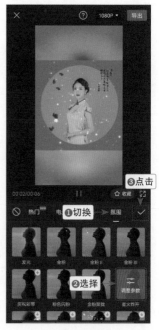

图 7-38

图 7-39

步骤 13 ❶调整"星火炸开"特效素材的时长，使其末端与第一段视频素材的末尾位置对齐；❷点击"作用对象"按钮。如图 7-40 所示。

步骤 14 ❶选择"全局"选项；❷点击✅按钮。如图 7-41 所示。

图 7-40

图 7-41

步骤 15 为剩下的素材添加"萤光飞舞"氛围特效，设置"作用对象"也是"全局"选项。如图 7-42 所示。

步骤 16 ❶选择第二段视频素材；❷点击"动画"按钮。如图 7-43 所示。

图 7-42

图 7-43

步骤 17 在弹出的面板中点击"入场动画"按钮。如图 7-44 所示。

步骤 18 选择"轻微放大"动画。如图 7-45 所示。为剩下的素材都添加"轻微放大"动画。

图 7-44

图 7-45

步骤 19 点击右上角的"导出"按钮，导出后播放视频。如图 7-46 所示。

图 7-46

7.2.3　青春回忆：全网都在拍的温柔节奏卡点视频

扫码看案例效果　　　　　　　　扫码看教学视频

【效果展示】在剪映 App 中通过添加各种特效和设置作用对象，能让一个画面中的多段素材出现缤纷多样的画面合成效果。效果如图 7-47 所示。

图 7-47

下面介绍在剪映App中制作温柔节奏卡点视频的具体操作方法。

步骤 1 在剪映App中导入四张照片素材，点击"比例"按钮。如图7-48所示。

步骤 2 选择"9：16"选项。如图7-49所示。

图 7-48 　　　　　图 7-49

步骤 3 返回主界面点击"背景"按钮，在弹出的面板中点击"画布样式"按钮。如图7-50所示。

步骤 4 ①选择一款画布样式；②点击"应用到全部"按钮；③点击✓按钮。如图7-51所示。

图 7-50 　　　　　图 7-51

步骤 5 点击"音频"按钮。如图 7-52 所示。

步骤 6 ❶添加卡点音乐；❷复制前面三段视频素材。如图 7-53 所示。

图 7-52　　　　　　　　图 7-53

步骤 7 ❶把第三段和第五段视频素材切换至画中画轨道中，并调整时长和位置；❷根据音乐节奏，调整所有视频素材的时长。如图 7-54 所示。

步骤 8 ❶拖曳时间轴至视频轨道中第二段视频素材的中间位置；❷点击"分割"按钮。如图 7-55 所示。用同样的方法，为剩下的三段素材进行同样的分割操作。

图 7-54　　　　　　　　图 7-55

步骤 9 调整视频轨道中第一段视频素材和画中画轨道中视频素材的画面位置。如图 7-56 所示。

步骤 10 返回主界面，点击"特效"按钮。如图 7-57 所示。

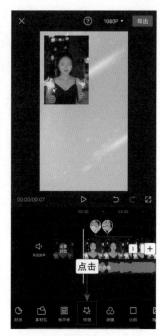

图 7-56　　　　　　　　　　图 7-57

步骤 11 点击"画面特效"按钮，❶切换至"边框"选项卡；❷选择"白色线框"特效；❸点击 ☑ 按钮确认操作。如图 7-58 所示。

步骤 12 ❶调整"白色线框"特效素材的时长，与视频轨道中第一段素材的时长对齐；❷点击"复制"按钮，复制该段特效。如图 7-59 所示。

图 7-58　　　　　　　　　　图 7-59

步骤 13 调整复制出来的特效素材的位置，使其处于第二个画中画轨道中，点击"作用对象"按钮。如图 7-60 所示。

步骤 14 ❶选择第一个"画中画"选项；❷点击 ✓ 按钮。如图 7-61 所示。

图 7-60

图 7-61

步骤 15 用同样的方法，添加第三个"白色线框"特效，设置其作用对象为第二个"画中画"选项。如图 7-62 所示。

步骤 16 用与上面步骤同样的方法，为视频轨道中的第一段素材添加"怦然心动"爱心特效，"作用对象"设置与"白色线框"特效的设置一致，时长约为其的一半，末端对齐第一段素材的末尾位置。如图 7-63 所示。

图 7-62

图 7-63

步骤 17 再为视频轨道中的第三段、第五段、第七段、第九段素材添加"星火炸开"氛围特效。如图 7-64 所示。

步骤 18 ❶选择视频轨道中的第二段素材；❷点击"动画"按钮。如图 7-65 所示。

图 7-64　　　　　　　　　图 7-65

步骤 19 在弹出的面板中点击"组合动画"按钮，选择"荡秋千 II"动画。如图 7-66 所示。

步骤 20 ❶选择第三段素材；❷选择"荡秋千"动画。如图 7-67 所示。用同样的方法，为剩下的六段素材设置同样的组合动画。

图 7-66　　　　　　　　　图 7-67

步骤 21 ❶选择视频轨道中的第一段素材；❷点击"动画"按钮。效果如图 7-68 所示。

步骤 22 在弹出的面板中点击"入场动画"按钮，选择"向下甩入"动画。如图 7-69 所示，为画中画轨道中的素材也添加"向下甩入"入场动画。

图 7-68　　　　　　图 7-69

步骤 23 点击右上角的"导出"按钮，导出后播放视频。如图 7-70 所示。

图 7-70

运

营

篇

/ 第 / 8 / 章 /

账号定位：让你的作品快速上推荐

本章要点

　　在做一件事情之前一定要先找准方向，只有这样才能有的放矢，做视频账号运营也是如此。那么，如何找准账号的运营方向呢？其中一种比较有效的方法就是通过账号的定位，从一开始就确定运营的方向，通过定位来创作内容，突出优势，让你的作品快速上推荐。

8.1 账号定位的理由

为什么要做好视频运营的账号定位呢？笔者认为主要有三个理由：一是通过定位可以找准运营方向，确定自身的目标；二是做好定位之后，可以为今后的内容策划提供方向；三是做定位的过程也是自我审视的过程，定位做好之后，账号运营者自身的优势也就凸显出来了。

8.1.1 找准方向：确定账号的运营目标

做账号定位是找准账号运营方向，确定运营目标的一种有效方式，一旦账号定位确定了，运营方向和目标也将随之而确定下来。纵观视频平台上的各类账号，基本上都是在确定账号定位的基础上，找准运营方向的。

从事某个职业（通常是专业性较强的职业）的运营者，可能会将账号定位为该职业专业知识的分享账号。例如，医生可以进行医学知识的科普，律师可以进行法律知识的普及，如图 8-1 所示。

图 8-1

某方面知识比较丰富的人群，可以将账号定位为该方面技巧的分享。例如，PS（Photoshop，PS）处理经验比较丰富的运营者，会将账号定位为 PS 技巧分享账号，并为用户持续分享 PS 处理方面的技巧，如图 8-2 所示。

图 8-2

有的运营者有某方面的兴趣爱好，并且有同样兴趣爱好的用户也比较多。此时，运营者便可以将账号定位为兴趣爱好内容的展示账号。例如，游戏玩得比较好的运营者，可以将账号定位为某个游戏的操作展示账号，并在账号中持续分享自己的操作视频，如图 8-3 所示。

图 8-3

通过账号定位找准自身运营方向的案例还有很多。如果运营者觉得自身的定位不好确定，可以多刷刷视频内容，学习他人的经验，并在此基础上找到适合自身的账号定位。

8.1.2　服务内容：为内容策划提供方向

账号定位本身就是确定账号的运营方向。而账号定位确定之后，运营者便可以围绕账号定位进行内容策划，从而树立起账号的标签。因此，只要运营者的账号定位确定了，那么账号内容策划方向自然也就确定了。

例如，账号定位确定后，运营者便可以在账号简介中展示内容定位，让用户一看就知道要分享的是哪方面的内容，如图 8-4 所示。

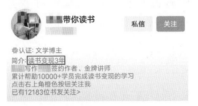

图 8-4

除此之外，运营者还可以根据账号定位策划并发布视频，让用户一看就能明白定位。图 8-5 为某读书类账号发布的部分视频。

图 8-5

由此不难看出，账号定位确定之后，内容策划方向也就随之确定下来了，而运营者在此基础上进行内容策划也变得更简单了。而且账号定位确定之后，只要运营者长期输出原创内容，便能做出自己的特色，为账号贴上标签。

8.1.3　凸显优势：找到自己擅长的内容

做账号定位的过程，就是自我审视的过程。而在自我审视的过程中，运营者可以看到自身的优势。如果运营者可以参照自身的优势进行账号定位，那么在账号运营的过程中自身的优势便能得到凸显，而账号的运营也会更加得心应手。

当然，在进行自我审视的过程中，运营者可能会发现自身的多个优势。但是如果将这些优势都体现在一个账号中，那么账号所包含的内容可能会过于庞杂，而账号的定位就很难做到精准了。在这种情况下，运营者需要做的就是选择其中相对突出的一个优势，并将其作为账号的定位。

例如，某微信视频号运营者本身就包含了设计美学自媒体、独立室内设计师和装修等几个重点信息，虽然这些认证信息之间有所交集，但是它们包含的内容太多了，因此该运营者根据当下流行的"至简"卖点进行了账号定位。"至简设计"为该微信视频号的简介，如图 8-6 所示。

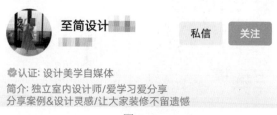

图 8-6

其他设计视频号以"××设计"取名的非常多，千篇一律的风格很容易让人视觉疲劳，而该运营者不仅擅长设计和装修，还抓住了当下设计市场的流行元素，所以随着大量至简类室内设计视频的发布，该账号获得了越来越多用户的关注。

8.2 账号定位的维度

在账号的运营过程中，必须要做好账号定位。具体来说，账号定位可以从行业、内容、用户和人设这四个维度进行。只要账号定位准确，运营者就能精准把握账号的发展方向，让运营取得更好的效果。

8.2.1 行业维度：确定账号所属的领域

行业定位就是确定账号分享的内容的行业和领域。通常来说，运营者在做行业定位时，只需选择自己擅长的领域即可。例如，从事摄影的人员，便可以在视频账号中分享摄影类的内容。

图 8-7 为某微信视频号的主页和内容呈现界面。可以看到，该微信视频号就是通过提供摄影类的内容，来吸引用户关注的。

图 8-7

当然，有时候某个行业包含的内容比较广泛，且视频平台上做该行业内容的账号已经比较多了。此时运营者便可以通过对行业进行细分，侧重从某个细分领域打造账号内容。

比如，化妆行业包含的内容比较多，单纯做教人化妆的账号可能很难做出特色。这个时候我们就可以通过领域细分从某方面进行重点突破，这个方面比较具有代表性的当属某位有着"口红一哥"之称的美妆博主了，该美妆博主便是通过分享口红的相关内容，来吸引对口红感兴趣的人群关注的。

又如，摄影包含的内容比较多，而现在又有越来越多人直接用手机拍摄视频。因此，某平台视频号便针对这一点专门深挖手机摄影，如图8-8所示，为该视频号的主页和内容呈现界面，可以看到该账号中便分享了大量手机摄影类的内容。

图 8-8

8.2.2　内容维度：内容服务于账号定位

账号的内容定位就是确定账号的内容方向，并据此进行内容的生产。通常来说，运营者在做内容定位时，只需结合账号定位确定需要发布的内容，并在此基础上打造内容即可。

例如，某微信视频号的定位是石雕作品展示，所以该账号经常发布石雕制作类内容。图8-9为该微信视频号发布的石雕制作类视频。

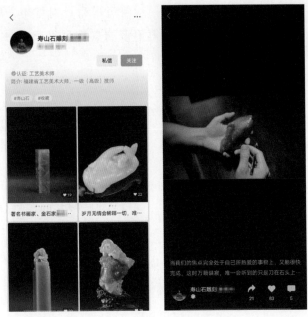

图 8-9

　　确定了账号的内容方向之后，运营者便可以根据该方向进行内容生产了。当然，在账号运营的过程中，内容生产也是有技巧的。具体来说，运营者在生产内容时，可以运用一些技巧，打造持续性的优质内容，如图 8-10 所示。

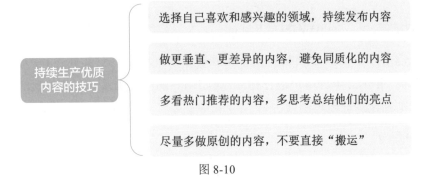

图 8-10

8.2.3　用户维度：找准账号的目标用户

　　在账号的运营过程中，确定目标用户群是其中至关重要的一环。而在进行账号的用户定位之前，需要先了解账号内容具体针对的是哪些人群、这些人群具有什么特性等问题。

了解账号的目标用户，是为了方便运营者更有针对性地发布内容，然后吸引更多目标用户的关注，让账号获得更多的点赞。关于用户的特性，一般可细分为两类，如图 8-11 所示。

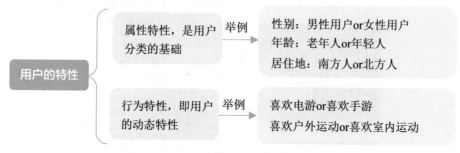

图 8-11

在了解了用户特性的基础上，要做的是怎样进行用户定位。在用户定位的全过程中，一般包括三个步骤，具体情况如下。

1. 数据收集

数据收集有很多方法可以采用，比较常见的方法是通过市场调研来收集和整理平台用户的数据，然后把这些数据与用户属性关联起来。如年龄段、收入和地域等，绘制成相关图谱，这样就能够大致了解用户的基本属性特征。

2. 用户标签

获取了用户的基本数据和基本属性特征后，就可以对其属性和行为进行简单分类，并进一步对用户进行标注，确定用户的可能购买欲和可能活跃度等，从而更准确地进行用户画像。

3. 用户画像

利用上述内容中的用户属性标注，从中抽取典型特征，完成用户的虚拟画像，构成平台用户的各类用户角色，以便进行用户细分，在此基础上更好地实施有针对性的运营策略和精准营销。

当然，运营者也可以借助数据分析工具，直接查看账号的粉丝（很多时候粉丝就是账号的核心用户）画像。例如，运营者可以在"飞瓜数据"小程序中搜索账号名称，查看对应账号的粉丝画像。图 8-12 为某账号的粉丝画像。

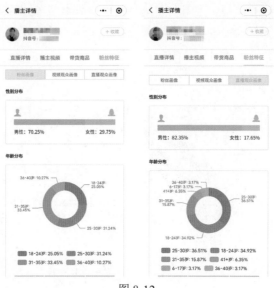

图 8-12

8.2.4 人设维度：为出镜人物贴上标签

所谓人物设定就是运营者通过视频打造的人物形象和个性特征。通常来说，成功的人设能在用户心中留下深刻的印象，让用户能够通过某个，或者某几个标签，快速想到运营者的账号。

例如，说到"反串""一人分饰两角"，这两个标签，许多人可能首先想到的就是抖音中的某个"大 V"。这主要是因为这个抖音"大 V"发布的视频中基本上都会出现一个披肩红色长发的女性形象，而这位女性又是由一个男性扮演的。也就是说这个人物是反串的。

除此之外，该"大 V"发布的视频中，有时候还会出现一个男性形象，而这位男性也是披肩红色长发的女性形象的扮演者。也就是说，这位男性一人分饰了两角。再加上该"大 V"发布的视频内容很贴合生活，而且其中人物的表达又比较幽默搞笑，因此，该账号发布的内容，通常会快速吸引大量用户的目光。

人物设定的关键就在于为视频中的人物贴上标签。那么如何才能快速为视频中的人物贴上标签呢？其中一种比较有效的方式就是发布相关视频，呈现人物符合标签特征的一面。

例如，某运营者为了突显自身的手工达人标签，发布了许多手工产品的制作视频，如图 8-13 所示。看到这些视频之后，许多用户会不禁惊呼：不愧是手工达人！用最简单的材料制作最精美的作品！而这样一来，视频中人物的标签便树立起来了。

图 8-13

 8.3 账号定位的依据

账号定位就是为账号的运营确定一个方向，并据此发布内容。那么如何进行账号的定位呢？笔者认为在进行账号定位时，可以重点参照三个依据，这一节就来分别进行解读。

8.3.1 结合专长：做自己擅长的内容

对于拥有自身专长的人群来说，根据自身专长进行定位是一种比较直接和有效的定位方法。运营者只需对自己或团队成员进行分析，然后选择某个或某几个专长，进行账号定位即可。

例如，某运营者擅长弹奏琵琶，所以她将自己的账号定位为琵琶弹奏作品的分享，并在账号中发布了许多自己弹奏琵琶的视频，如图 8-14 所示。

图 8-14

自身专长包含的范围很广，除了唱歌、跳舞和弹奏乐器等才艺，还包括其他诸多方面，就连游戏玩得出色也是自身的一种专长。

例如，某运营者不仅游戏玩得比较好，还有搞笑天赋，于是他将账号定位为搞笑游戏创作者，发布搞笑视频来吸引观众，如图 8-15 所示。

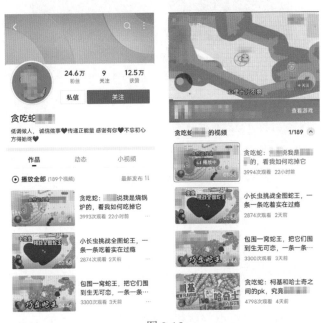

图 8-15

8.3.2 结合市场：做平台紧缺的内容

运营者可以从视频平台中相对稀缺的内容出发，进行账号定位，让用户看到你发布的内容之后，很快就被你圈粉。

例如，某视频账号定位为手工毛衣营销类账号，该账号中经常会发布一些手工毛衣编织类的视频，如图 8-16 所示。可以看到，这些视频中展示的都是一位男士织毛衣的场景。

图 8-16

这种手工毛衣编织类的视频在视频平台中本身就比较少，再加上该账号中展示的是一位男士编织毛衣的场景，并且该男士的手法还比较娴熟，所以，该账号的视频内容自然而然地就具有了一定的稀缺性，而许多用户在看到该账号发布的视频之后也会很快被吸引住。

除了平台上本来就稀缺的内容，运营者还可以通过自身的内容展示形式，让自己的账号内容，甚至是账号，具有一定的稀缺性。

某西瓜视频号是定位为一个分享小狗日常生活的账号，在这个账号中经常会发布以小狗为主角的视频。如果只是分享小狗的日常生活，那么只要养了狗的运营者便都可以做，而该西瓜视频号的独特之处就在于有很多只小狗，还结合小狗的表现进行了一些特别的处理。

具体来说，当视频中的小狗张嘴叫出声时，该账号的运营者会同步配上一些字幕，如图 8-17 所示。这样一来，小狗要表达的就是字幕打出来的内容。而结合字幕和小狗在视频中的表现，就会让人觉得小狗有些调皮可爱。

图 8-17

西瓜视频平台上宠物类的视频不少，但是，像这种很多只小狗在一起的视频却是比较少的，因此这个定位为通过字幕分享多只小狗日常生活的账号，很容易就获取了许多人的持续关注。

8.3.3　结合业务：做具有特色的内容

相信大家一看这一小节的标题就明白，这是一个企业号的定位方法。许多企业和品牌在长期的发展过程中可能已经形成了自身的特色，此时，如果根据这些特色进行定位，通常会比较容易获得用户的认同。根据品牌特色做定位又可以细分为两种方法：一是用能够代表企业或品牌的物象进行账号的定位；二是根据企业或品牌的业务范围做账号定位。

某微信视频号就是用能够代表品牌的物象来进行账号定位的。某奶茶企业根据"雪人"形象制作卡通形象代言人，企业 LOGO 也用了这个形象，在微信视频号中经常会发布一些以"雪人"这个卡通形象为主角的视频，从而使之变成观众心中的一个标志形象，如图 8-18 所示。

图 8-18

　　熟悉该品牌的人群都认识了这个品牌的卡通形象，而且这个形象也很好记，让人印象深刻，因此，该微信视频号的视频便具有了自身的品牌特色，通过这个让人印象深刻卡通形象又再次宣传和推广了其产品。

　　某电影类视频号则是根据品牌业务范围做账号定位的代表。因为该品牌主要是从事与电影相关的业务，所以该账号便被定位为电影信息分享的一个账号。图 8-19 所示为该账号发布的相关视频。

图 8-19

/ 第 / 9 / 章 /

内容策划：百万级流量的策划技巧

本章要点

　　对于运营者来说，视频的内容选择无疑是非常关键的，优质的视频内容不仅更容易成为热门，还能帮助运营者积累更多粉丝。那么，运营者要如何选择合适的内容，打造热门视频呢？本章将从如何做好内容策划方面重点讲解策划技巧，帮助运营者制作出百万级流量的视频。

9.1 找到好内容的生产方法

运营者要想打造出爆款视频，还得找好内容的生产方法。这一节，笔者就来重点为大家介绍四种视频内容的生产方法，让大家可以快速生产出热门内容。

9.1.1 原创视频：根据定位进行制作

有视频制作能力的运营者，可以根据自身的账号定位，打造原创视频内容。很多人开始做原创视频时，不知道该拍摄什么内容，其实内容的选择没那么难，大家可以从以下几方面入手。

（1）可以记录你生活中的趣事。

（2）可以学习热门的舞蹈、手势舞等。

（3）配表情系列，利用丰富的表情和肢体语言进行表达。

（4）旅行记录，将你所看到的美景通过视频展现出来。

（5）根据自己所长，持续产出某方面的内容。

例如，某视频号就是通过持续发布原创手机摄影技巧类视频来吸引粉丝关注的。图 9-1 所示为该账号在发布的部分视频。

图 9-1

9.1.2 借用模板：嵌套内容打造视频

对于一些大家熟悉的桥段，或者已经形成了模板的内容，运营者只需在原有模板的基础上嵌套一些内容，便可以快速生产出原创视频。

看过《夏洛特烦恼》这部电影的用户肯定对该电影中的一个桥段记忆深刻。那就是男主角在向楼下一个大爷询问女主角是否住在楼上时，大爷却记不住"马冬梅"这三个字，连续反而问男主角，"马冬什么？""什么冬梅？""马什么梅？"

于是，某运营者便将该桥段作为模板，在保持原有台词不变的基础上，将电影中男主角的画面换成自己出境的画面，而电影中楼下大爷的画面则不做处理。经过这样的处理之后，这位运营者便在原有电影模板的基础上，生产出了自己的原创视频。

这种内容打造方法的优势就在于，运营者只需将自身的视频内容嵌入模板中就能快速打造出一条新视频，而且新增的内容与模板中原有的内容还能快速产生联系。

9.1.3 借用素材：加入创意适当改编

需要借用他人的素材时，如果直接将视频搬运过来，并进行发布，那么视频不仅没有原创性，而且还存在侵权的风险。所以，运营者在生产视频时，如果需要借用他人的素材，要将视频搬运过来之后，适当地进行改编，从而在原视频的基础上，增加自身的原创内容，避免侵权。

图 9-2 所示的视频就是在参考《熊出没》视频的基础上，对视频重新进行了方言版配音。因为视频本身就具有一定的趣味性，再加上后期的搞笑方言配音，所以用户看到之后觉得非常有趣，纷纷点赞、评论，于是这一条借用素材打造的视频很快就火了。

需要特别注意的是，尽量不要"搬运"他人在其他平台中发布的视频，更不要将他人在其他平台中发布的视频搬过来直接发布。很多平台中，已经发布的作品会自动打上水印，如果运营者直接"搬运"，那么，"搬运"的视频上将会显示水印。这样一来，用户一看就知道你是直接"搬运"的其他平台的内容，对于这种直接"搬运"他人视频的行为，很多平台都会进行限流，而且，这种直接搬运他人视频的做法还会引起侵权纠纷。

图 9-2

9.1.4 模仿热门：紧跟平台实事热点

模仿法就是根据已发布的视频"依葫芦画瓢"地打造自己的视频。这种方法常用于已经形成热点的内容。因为一旦热点形成，那么模仿与热点相关的内容，会更容易获得用户的关注。

比如，2021 年随着东京奥运会的举办，很多运动项目和运动健儿们受到了许多人的关注，在视频平台上也出现了"# 奥运会模仿"这个话题，有些模仿运动项目,有些模仿运动员的招牌胜利姿势,图9-3所示便是运用模仿法拍摄的视频。

图 9-3

找到容易上热门的内容

做视频运营时，一定要对那些爆款视频时刻保持敏锐的嗅觉，及时地去研究、分析和总结它们成功的原因。不要一味地认为那些成功的人都是运气好，而要思考和总结他们是如何成功的。

多积累成功的经验，站在"巨人的肩膀上"运营，你才能看得更高、更远，才更容易超越他们。本节笔者总结了视频平台中的五大热门内容类型，大家在运营视频号时可以进行参考和运用。

9.2.1　帅哥美女：用颜值为视频加分

为什么笔者要先讲"高颜值"的帅哥美女类内容呢？笔者总结这一点的原因很简单，就是因为在视频平台上，许多账号运营者都是通过自身的颜值来取胜的，在视频内容中个人的打扮也非常重要。

以抖音为例，抖音个人号粉丝排行前十位中，就有超过半数是通过高颜值的美女帅哥出镜来吸引用户关注的。由此不难看出，颜值是抖音营销的一大利器。如果出镜者长得好看，那么他（她）在视频中随便唱唱歌、跳跳舞，也能吸引一些粉丝的关注。

这一点其实很好理解，毕竟谁都喜欢看好看的东西。很多人之所以刷视频，并不是想通过视频学习什么，而是借此打发一下时间，在他们看来，看一下帅哥、美女，本身就是一种享受了。

抖音平台如此，很多视频平台也是如此。毕竟高颜值的帅哥美女，比一般人更能吸引用户的目光，因此，当视频中有美女帅哥出镜时，自然能获得更多的流量，而视频也会更容易上热门。

9.2.2　萌人萌物：呆萌可爱人见人爱

"萌"往往和"可爱"这个词对应，而许多可爱的事物都是人见人爱的。所以，对于呆萌可爱的事物，许多用户都会忍不住想要多看几眼。在视频内容中，根据展示的对象可以将萌的事物简单分为两类：一是萌娃，二是萌宠。
下面，笔者就来分别进行分析。

1. 萌娃

萌娃是深受用户喜爱的一个群体。萌娃本身看着就很可爱了，而他们的
一些行为举止也让人觉得非常有趣。所以，与萌娃相关的视频，就能很容易
地吸引许多用户的目光。

有些萌娃通过表情包就被用户熟知了，因此在视频号中分享萌娃的视频
更容易传播，尤其是一些分享日常的视频内容中，通过记录萌娃的可爱言行
来吸引观众，如图 9-4 所示。

图 9-4

2. 萌宠

"萌"不是人的专有形容词，小猫、小狗等可爱的宠物也是很萌的。许
多人之所以养宠物，就是觉得萌宠们特别惹人怜爱。如果能把宠物日常生活
中惹人怜爱、憨态可掬的一面通过视频展现出来，就能吸引许多用户，特别
是喜欢萌宠的用户前来围观。

也因为如此，视频平台上出现了一大批萌宠"网红"。例如，某账号的
粉丝数超过 500 多万，该账号发布的内容以记录两只猫在生活中遇到的趣事
为主，视频中经常出现各种"热梗"，并配以"戏精"主人的表演，给人以

轻松愉悦之感。图 9-5 所示为该账号发布的视频。

图 9-5

9.2.3　美景美食：带来视觉上的享受

从古至今，有众多形容"美"的成语，如沉鱼落雁、闭月羞花和倾国倾城等，这些成语除了表示漂亮，还附加了一些漂亮所引发的效果在内，可见，颜值高，还是有着一定影响力的。

这一现象同样适用于视频的内容打造。当然，这里的"美"并不仅仅是指人，它还包美景、美食等。运营者可以在视频中将美景和美食进行展示，让用户共同欣赏。

对人来说，除了先天条件，想要变美，有必要在自己所展现出来的形象和妆容上下功夫：让自己看起来显得精神、有神采，而不是一副颓废的样子，这样也能明显提升颜值。

对景物、食物等来说，是完全可以通过其本身的美，再加上高深的摄影技术来实现"美"的，如借助精妙的画面布局、构图和特效等，就可以打造一个高推荐量、播放量的视频。图 9-6 所示为通过美景、美食来吸引用户关注的视频。

图 9-6

　　视频的发展为许多景点带来了发展机遇，许多景点，甚至是城市也开始借助视频来打造属于自己的 IP。比如，许多人在听了《成都》之后，会想看看"玉林路"和"小酒馆"的模样；许多人看到关于"摔碗酒"的视频之后，会想去西安体验大口喝酒的豪迈；许多人在视频中看到重庆"穿楼而过的轻轨"时，会想亲自去重庆体验轻轨从头上"飞"过的奇妙感觉。

　　视频同款为城市找到了新的宣传突破口，把城市中每个具有代表性的吃食、建筑和工艺品都进行了高度的提炼，配以特定的音乐、滤镜和特效，而且视频中还可以设置地点。因此，用户看到视频之后，如果想要亲自体验，只需点击视频中的地点便可以找到位置，进行打卡。

9.2.4　技能传授：分享各种实用技巧

　　许多用户是抱着猎奇的心态刷视频的，那么，什么样的内容可以吸引这些用户呢？其中一种就是技能传授类的内容。

　　为什么呢？因为用户看到自己没有掌握的技能时，会感到不可思议，并且想要通过视频掌握该技能。技能包含的范围比较广，既包括各种绝活，也包括一些小技巧和小妙招。

很多技能都是长期训练之后的产物，普通用户可能不能轻松地掌握。其实，除了难以掌握的技能，运营者也可以在视频中展示一些用户学得会、用得着的技能。比如，一些曾在抖音中爆红的整理类技能便属于此类，如图9-7所示。

图 9-7

与一般的内容不同，技能类的内容能让一些用户觉得像是发现了一个"新大陆"。因为此前从未见过，所以会觉得特别新奇。如果觉得视频中的技能在日常生活中用得上，就会进行收藏，甚至将视频转发和分享给自己的亲戚朋友，使视频的传播范围更广。因此，只要你在视频中传授的技能在用户看来是实用的，那么，播放量和转发量等数据通常会比较高。

9.2.5　幽默搞笑：氛围轻松博君一笑

幽默搞笑类的内容一直都不缺观众。许多用户之所以经常刷视频，主要就是因为视频中有很多中内容能够逗人一笑。所以，那些内容笑点十足的视频内容，很容易被引爆。

图9-8所示的视频中，有熊猫眼的小狗和带孩子的小狗，画面十分搞笑，用户看了会忍俊不禁，同时也会通过点赞来表达自己对该视频的喜爱。

图 9-8

掌握好内容的展示技巧

视频创作者在制作视频内容时，还可以在内容形式上打造爆款内容，从而推动其在视频平台中传播。本节就从四个方面出发，介绍促进视频内容推广展示的技巧。

9.3.1 传递能量：健康乐观积极向上

运营者在视频中要体现出积极乐观的一面，向用户传递正能量。什么是正能量？百度百科给出的解释是："正能量指的是一种健康乐观、积极向上的动力和情感，是社会生活中积极向上的行为。"接下来，笔者将从三个方面结合具体案例进行解读，让大家了解什么样的内容才是正能量的内容。

1.好人好事

好人好事包含的范围很广，它既可以是见义勇为，为他人伸张正义；也可以是拾金不昧，主动将财物交还给失主；还可以是看望孤寡老人，慰问环卫工人。如图 9-9 所示。

用户在看到这类视频时，会从那些做好人好事的人身上看到善意，感觉到这个社会的温度。同时，这类视频很容易触及用户柔软的内心，让其看后忍不住想要点赞。

图 9-9

2. 文化内容

文化内容包含了书法、乐趣和武术等。这类内容在视频平台中具有较强的号召力。如果运营者有文化内容方面的特长，可以通过视频展示出来，让用户感受文化的魅力，如图 9-10 所示的视频，便是通过展示书法让用户感受文化魅力的。

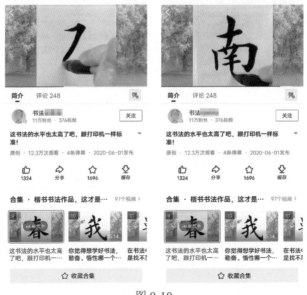

图 9-10

3. 努力拼搏

当用户看到视频中那些努力拼搏的身影时，会感受到满满的正能量，这会让用户在深受感染之余，从内心产生一种认同感，而用户表达认同的一种方式就是进行点赞，因此，那些传达努力拼搏精神的视频，通常比较容易获得较高的点赞量。

图9-11所示为一条展示努力拼搏、逆袭考北大的视频。许多对自己的学习和工作感到迷茫的用户看到该视频之后，找到了奋勇向前的力量和努力拼搏的动力，于是纷纷为该视频点赞。

图 9-11

9.3.2 设计内容：剧情反转增加看点

视频中出人意料的反转，往往能让人眼前一亮。运营者在制作视频内容时要打破惯性思维，使用户在看开头时猜不透结局的动向。这样，当用户看到结果时，便会豁然开朗，忍不住为其点赞。

如图9-12所示，某条视频中，两男子一起在饭店吃饭，在点菜的时候打碎了饭店的杯子，因此服务员讹诈两男子赔一千元，两男子当然不愿意，于是把经理叫了过来，经理却要求他俩赔一万元，两男子表示很愤怒，于是发短信叫人来。

图 9-12

这时候来了一位气场冷漠的男子，等大家以为这是他叫来的人时，男子自爆身份是饭店的董事长，剧情又开始反转。过了一会，又来一名男子，大家以为这才是他叫的大佬时，男子又自爆身份是送外卖的，剧情再次反转。

最后男子手机一响，他借机说刚才叫的人来了要去接人，然后就溜之大吉了。原来并不是他叫的人来了给他打电话，而是他最开始叫人的时候其实是设置了一个闹钟，闹钟响的时候，他就趁机跑了。最后的最后，饭店只剩下陪他吃饭的男子和愤怒的服务员、经理和董事长。

这个视频的反转剧情之所以能获得许多用户的点赞，主要是因为这个视频设置了很多反转，有些反转是人物的反转，还有的反转是剧情的反转。尤其是电话响了这个反转剧情，由电话铃声反转为闹钟声，着实让观众觉得好笑。因此，反转视频的要点就在于让观众觉得出于意料，剧情却又在情理之中。

9.3.3 融入创意：奇思妙想脑洞大开

具有奇思妙想的内容从来不缺少粉丝的点赞和喜爱，因为这些视频中的创意会让用户感觉很奇妙，甚至觉得非常神奇。

创意视频的内容很广泛，艺术类的视频可以成为创意视频，甚至有些分享技能的视频也可以是创意视频，越实用的创意视频就越受欢迎，尤其是在生活中可以用到的技能创意视频，点赞量非常高。

运营者可以结合自身优势，打造出视频创意。例如，一名擅长雕花的运营者拍摄了一条展示水果雕刻作品的视频，用户在看到该视频之后，因其独特的创意和高超的技艺而纷纷点赞，如图 9-13 所示。

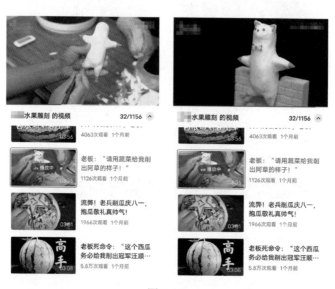

图 9-13

除了展示各种技艺，视频运营者还可以通过奇思妙想，打造一些生活技巧。例如，一位运营者通过分享各种生活小技能的视频，获得了大量观看和点赞，如图 9-14 所示。

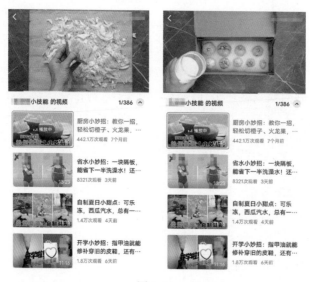

图 9-14

9.3.4 话题打造：设计内容引发讨论

很多用户发布的内容都是原创，在制作方面也花了不少心思，但是却得不到系统的推荐，点赞和评论都很少，这是为什么呢？

其实一条视频想要在视频平台上火起来，除了天时、地利与人和，还有两个重要的"秘籍"：一是要有足够吸引人的全新创意，二是内容的丰富性。运营者要想做到这两点，还得紧抓热点话题，丰富自己账号视频的内容形式，从而发展更多的创意玩法。

具体来说，紧跟热门话题有两种方法。

一种方法是根据当前发生的大事、大众热议的话题打造内容。例如，2021 年 9 月是开学季，话题范围非常广泛，于是，部分运营者便围绕该话题打造了很多视频内容，如图 9-15 所示。

图 9-15

另一种方法是根据其他平台的热门话题来打造内容。因为刷视频的用户具有一定的相似性，在某个视频平台中受欢迎的话题，拿到其他视频平台上，可能同样也能吸引大量用户的目光。

而且因为有的视频平台中，暂时还没有一个展示官方话题的固定板块，所以，此时与其漫无目的地搜索，倒不如借用其他视频平台中的热门话题来打造视频内容。

　　许多视频平台都会展示一些热点话题，运营者可以找到这些平台中的热点话题，然后结合相关话题打造视频内容，并进行发布。那么，如何寻找视频平台推出热点话题呢？接下来，笔者就以抖音为例，进行具体的说明。

步骤1 登录抖音短视频 App，点击"首页"界面右上方的🔍按钮。如图 9-16 所示。

步骤2 进入抖音发现界面，在该界面的"猜你想搜"和"抖音热榜"中会出现一些"当前"的热点事件和话题。如图 9-17 所示。

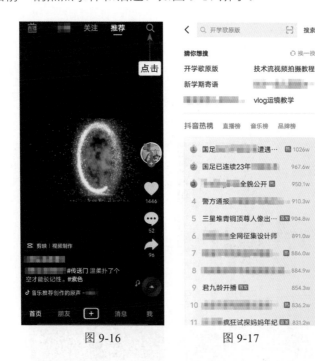

图 9-16　　　　　　　　图 9-17

/ 第 / 10 / 章 /

商业变现：多种方式实现高效盈利

本章要点

　　为什么要做视频运营？许多人的回答可能是借助视频运营赚到一桶金。确实，视频运营是一个潜力巨大的市场，但是，它同时也是一个竞争激烈的市场，所以运营者要想通过视频进行变现，轻松年赚上百万实现高效盈利，就得掌握一定的变现方法。

10.1 多种变现方式

创作者运营视频账号的目的是吸粉变现，所以了解变现的方式也是各创作者运营视频账号的要点之一。那么，变现的方式都有哪些呢？下面笔者就向大家介绍一些常见的变现方式。

10.1.1 电商变现：自营店铺变现

以抖音平台为例，抖音开始的定位是一个方便用户分享美好生活的平台，而随着产品分享、产品橱窗等功能的开通，抖音也开始成为一个带有电商属性的平台，并且其商业价值也一直被外界所看好。

对于开设了抖音小店的抖音视频创作者来说，通过自营店铺直接卖货无疑是一种十分便利、有效的变现方式。创作者只需在产品橱窗中添加自营店铺中的产品，在所发布的视频中分享产品链接，其他抖音用户便可以点击链接购买产品，如图10-1所示。而产品销售出去之后，创作者便可以直接获得收益了。

图 10-1

10.1.2 广告变现：冠名商广告变现

冠名商广告，顾名思义，就是在节目内容中提到名称的广告，这种打广告的方式比较直接且生硬，其主要的表现形式有三种，如图10-2所示。

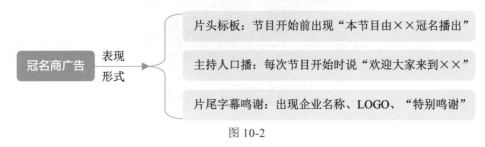

图 10-2

在一些视频内容中，冠名商广告同样也比较活跃：一方面企业可以通过资深的视频创作者发布的视频内容来传递品牌的价值观、树立形象，吸引更多忠实客户；另一方面，视频创作者可以得到广告商的赞助，生产出更加优质的视频内容，从而实现双赢的目标。

大多数视频创作者不会在视频内直接用这种方式来帮助品牌打广告，而是将品牌的产品结合在视频的内容中，或者在发布视频时，通过比较隐晦的方式来突出品牌的信息。这样一来，用户在观看视频时就能够注意到创作者所要推广的品牌了。

图10-3所示，为某创作者在发布视频时，通过直接向用户表明赞助商的形式来帮助品牌做推广。

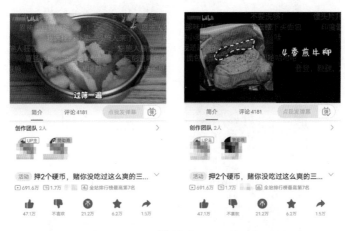

图 10-3

不仅如此，一些视频创作者也会直接在视频内提到产品名称，来帮助品牌做广告，这与冠名商广告也有相似之处。例如，某位视频创作者在美食教程中，就向用户提到了某品牌的辣椒酱，达到了帮助品牌推广产品的目的，如图10-4所示。

图 10-4

10.1.3　直播变现：直播带货变现

通过直播，可以获得一定的流量，如果创作者能够借用这些流量进行产品销售，让用户边看边买，就可以直接将自己的粉丝变成店铺的潜在消费者了。相比于传统的图文营销，这种直播导购的方式可以让用户更直观地把握产品，所以它取得的营销效果往往也要更好一些。

图10-5所示为某美妆知识创作者直播卖货的相关界面，用户在观看直播时只需点击浮窗内的商品，即可在弹出的菜单栏中看到直播销售的产品的页面。

图 10-5

如果用户想要购买某件产品，只需点击该产品页面中的"购物"和"抢"按钮，便可进入该产品的抖音信息详情界面，选择对应的商品选项，支付对应金额，即可完成下单。

不过，创作者在通过直播卖货进行变现时，需要特别注意两点。其一，主播一定要懂得带动气氛，吸引用户驻足，这不仅可以刺激用户购买产品，还能通过庞大的在线观看数量，让更多用户主动进入直播间。

其二，要在直播中为用户提供便利的购买渠道。因为有时候用户购买产品只是一瞬间的想法，如果购买方式太麻烦，用户可能会放弃购买。而且在直播中提供购买渠道，也有利于主播为用户及时答疑，提高产品的成交率。

10.1.4　知识变现：付费咨询变现

知识付费是近年来内容创业者比较关注的话题，也是视频变现的一种新思路。当然，视频创作者想要通过知识付费变现，视频内容不仅要优质，还要有一个好的播放量，这样才会有人为你埋单。那么，知识付费又有哪些形式呢？本节笔者将分享两个知识付费的方式，以供视频创作者参考。

第一个就是付费咨询，付费咨询在近几年越发火热，因为它符合了移动化生产和消费的大趋势，尤其是在自媒体领域，付费咨询已经呈现出一片欣欣向荣的景象。因此，一些付费咨询平台也是层出不穷，比如悟空问答、知乎、得到和喜马拉雅 FM 等 App 平台。

那么付费咨询到底有哪些优势呢？为何这么多人热衷于用金钱购买知识呢？笔者将其原因总结为以下三点，如图 10-6 所示。

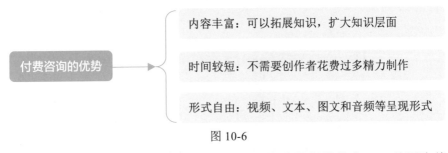

图 10-6

第二个就是线上授课变现，也是来自于教学课程的收费：一是因为线上授课已经有了成功的经验，二是因为教学课程的内容更加专业，具有精准的指向和较强的知识属性。

比如很多平台已经形成了较为成熟的视频付费模式，比如沪江网校、网易云课堂和腾讯课堂等。创作者在制作视频内容时，可以总结出一些个人经验，并通过线上授课的方式来分享给用户，如图 10-7 所示。

图 10-7

 ## 10.2 将流量变为收益

视频平台拥有巨大的流量，对于运营者来说，将吸引过来的流量进行变现，挖掘流量的"钱力"，也不失为一种不错的生财之道。

流量变现的关键在于吸引用户观看你发布的视频内容，然后通过内容引导用户，从而达成目的。一般来说，流量变现主要分为两种方式，这一节笔者将分别进行解读。

10.2.1 社群运营：聚集用户寻找商机

运营者可以在视频的运营中留下自己的微信号、QQ 号等联系方式，随着知名度和影响力的提高，通过微信号、QQ 号添加的好友会不断增加。

我们可以好好利用这些人群，从中寻找商机。比如，这些来自视频平台的人群，都有具体的需求，有的人是想学习账号如何运营，有的人是想学习如何做营销，有的人想学习某种技能。

对此，我们可以根据人群的具体需求进行分类，然后将具有相同需求的人群拉进同一个微信群或 QQ 群，构建社群，并通过社群的运营寻找更多商机。

除此之外，如果运营者能在社群中提供足够有价值的内容，还可以向用户出售线上课程，让自己先赚上一笔。

某位视频账号运营者就是这么做的，该视频号运营者在发布的视频的评论中插入了一个"点击这里联系我们～"的链接，如图 10-8 所示。

图 10-8

用户点击该链接之后，便可进入对应的微信公众号文章，该运营者微信公众号文章中有购买"视频号速成班"课程的链接，还留下了企业微信的二维码，以此来聚拢人群，实现社群运营的商机最大化，如图 10-9 所示。

图 10-9

10.2.2　账号转让：直接出售你的账号

在生活中，无论是线上还是线下，都是有转让费存在的。同样的，账号转让也需要接收者向转让者支付一定的费用，这样，账号转让也成为获利变现的方式之一。对于需要转让账号的运营者来说，通过账号转让进行变现虽然可能有些无奈，但也不失为一种有效的变现方式。

如今，互联网上关于账号转让的信息非常多，在这些信息中，有意向的账号转让者一定要慎重对待，不能轻信，且一定要到比较正规的网站上操作，否则很容易受骗上当。

例如，鱼爪新媒平台便提供了多个平台账号的转让服务，图 10-10 所示，为短视频账号交易界面。如果运营者想出售自己的短视频账号，可以点击界面中的"我要出售"按钮。

图 10-10

操作完成后，进入"我要出售"界面，❶在界面中填写相关信息；❷点击"确认发布"按钮，即可发布账号转让信息。如图 10-11 所示。转让信息发布之后，只要账号售出，运营者便可以完成账号转让变现。

图 10-11

当然，在采取这种变现方式之前，运营者一定要考虑清楚。因为账号转让相当于是将账号直接卖掉，一旦交易达成，运营者将失去账号的所有权。如果不是专门做账号转让的运营者，或不是急切需要进行变现，笔者不建议采用这种变现方式。

 # 其他灵活变现方式

除了上面介绍的这些变现方法，运营者还可以采用其他方式进行变现，例如签约机构变现和 IP 增值变现。

10.3.1　签约机构变现：发布内容直接获益

MCN 是 Multi-Channel Network 的缩写，MCN 模式来自于国外成熟的网红运作，是一种多频道网络的产品形态，基于资本的大力支持，生产专业化的内容，以保障变现的稳定性。随着视频的不断发展，用户对视频内容的审美标准也有所提升，这也要求视频团队不断增强创作的专业性。

由此，MCN 模式在视频领域逐渐成为一种标签化 IP，单纯的个人创作很难形成有力的竞争优势，因此加入 MCN 机构是提升视频内容质量的不二选择：一是可以提供丰富的资源，二是能够帮助创作者完成一系列的相关工作。有了 MCN 机构的存在，创作者就可以更加专注于内容的精打细磨，而不必分心于内容的打造、账号的运营和变现了。

MCN 机构的发展是十分迅猛的，因为视频行业正处于发展的阶段，因此 MCN 机构的生长和改变也是不可避免。目前，视频创作者与 MCN 机构都是以签约模式展开合作的，不过，MCN 机构的发展不是很平衡，也阻碍了部分创作者的发展，它在未来的发展趋势主要分为两种，具体如图 10-12 所示。

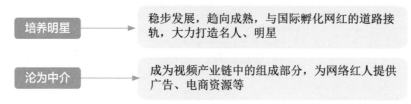

图 10-12

由此可见，MCN 模式的机构化运营对于视频创作者的变现来说是十分有利的，但创作者在选择签约机构的同时，也要注意 MCN 机构的发展趋势，如果没有选择到一个发展趋势好的机构，就很有可能难以实现变现的理想效果。

10.3.2 IP增值变现：扩大影响提高价值

一个强大的 IP，一定是具备良好的商业前景的。当创作者通过拍视频积累了大量的粉丝时，很有可能会让自己成为一个知名度比较高的 IP，这样一些商家就有可能会邀请做广告代言或者推广。此时，视频创作者便可以通过赚取广告费的方式，利用 IP 的附加值，进行 IP 变现。

例如，某创作者是一个 Coser，以拍可爱和国风类的短视频出圈，她成功地吸引到了百万粉丝，也成为一个强大的 IP，于是就有耳机广告商邀请她做推广。图 10-13 所示，为该创作者推广某品牌耳机的广告。

图 10-13